U0258785

车辐 著

川菜雜談

生活·讀書·新知
三聯書店

图书在版编目（CIP）数据

川菜杂谈／车辐著．—北京：生活·读书·新知
三联书店，2012.11 （2025.2 重印）
（闲趣坊）
ISBN 978 - 7 - 108 - 04264 - 4

Ⅰ．①川… Ⅱ．①车… Ⅲ．①川菜 - 文化
Ⅳ．① TS972.182.71

中国版本图书馆 CIP 数据核字（2012）第 214787 号

责任编辑　卫　纯　郑　勇
封面设计　康　健
责任印制　李思佳
出版发行　**生活·讀書·新知** 三联书店
　　　　　（北京市东城区美术馆东街 22 号）
邮　　编　100010
经　　销　新华书店
印　　刷　北京建宏印刷有限公司
版　　次　2012 年 11 月北京第 1 版
　　　　　2025 年 2 月北京第 4 次印刷
开　　本　850 毫米 × 1168 毫米　1/32　印张 9
字　　数　172 千字
印　　数　11,001－11,500 册
定　　价　38.00 元

目录

吾友一食家(代序)

唐振常

朋友中一位真正的美食家,不但精于吃,且能道出个中真谛;尤令我佩服的,他还是烹调高手。交往多年,我从他稍解饮食之道,但永远学不到他的烹调艺术。

成都车辐,五十多年前我就跟着他吃了。那时大家都很穷,但是,穷也有穷的吃法,吃不起大馆子,多在小店和摊头觅食,由于他精于食道,又是成都老土地,小店摊头也能觅得佳味。偶进大饭店,只要有车辐在,必可贱价得美食。他不只善点菜,也不只是和饭店从老板到厨师到跑堂的幺师(川语,茶房同义)都熟识,对他必有照顾;还有一个道道儿:他叫的菜多是可以回锅再烧的,一盘菜快吃完了,如豆瓣鲫鱼中只剩下骨头了,加豆腐回烧,又成满满一碗,回锅和豆腐是不要钱的。一盘菜回锅烧汤,也总要加些蔬菜和配料,也不要钱。这样,花一份菜的钱吃两份菜,真正花钱的菜并不多。此所谓穷吃法也。有一次,在他的带领下,几个人站在饭店柜台前,各白喝了一碗牛肉汤。那是行过此店,车辐说:"喝碗汤再走。"真算得穷斯滥矣,然颇自得其乐。

分别三十多年之后，每次去成都，车辐必请饭。这时有条件去大饭馆了，车辐都不去，他的理论是，大饭店吃不到好菜。于是，或者在他家中，或者去他以为必有佳食的小店。他的夫人亦善烹调，但在他家，他总亲自下厨，而且在头一天就通告会烧些什么菜，以引起客人的食欲。车辐是自负于他的烹调术的。一次，他请我夫妇和我们的老友北京王衡母女在他的新居吃饭，电话里向我报的菜名有一大堆，真够吸引人，其中一味炻豌豆疙瘩肠汤尤使我流涎，不食此味40年矣，今日得而食之，再尝美味和对儿时旧忆之情并存。所谓炻豌豆，实际是干黄豆烧烂，揉成一个个圆球，烧时随意揉碎放入菜中，不知道成都人何以叫它豌豆，炻是成都土语，软也，烂也，有音无字。如此写法，是李劼人先生的创造，见于李老写的《死水微澜》和《大波》。火字旁取其义，巴字读其声。疙瘩肠者大肠也，上海菜里叫作圈子，上海老饭店善烧的炒圈子即是，成都食肥肠，每每将它弯成结，如上海之百叶结然。炻豌豆是素食，加上极肥极油的疙瘩肠烧成一碗浓浓的汤，撒上葱花，浓淡得宜，味美无穷。成都还盛行专卖豆汤饭的小馆，大锅的炻豌豆汤里煮着米饭。有如上海居家所食的咸泡饭，然其味之美，远非上海咸泡饭所能望其项背。一碗豆汤饭，加一碟泡菜，是普通人一大享受，多吃油腻的人，偶食豆汤饭，会感通身舒畅。其价之廉，无可再廉，豆汤饭与豆花饭是成都两大通俗食品。

炻豌豆一般都是小贩制作，清晨挑担沿街叫卖。居家之人，买上几沱(川语，几大块也)，够烧十几碗汤了。儿时居成都文庙后街祖宅,黎明醒来,必听见马路上小贩的叫卖声,"炝豌豆啊炝胡豆(蚕豆,勉强类似上海的发芽豆而高明不知多少)……"其声抑扬不绝,穿过围墙和重门传入耳鼓,诱人之至。黄昏以后,一副热火担子,停在我家大门外,担子一头放未烧的疙瘩肠和作料、碗筷等,一头是烧着的炉子,上置锅,里面是烧好了的五香味道的疙瘩肠。弟兄等相偕而食,乐甚。车辐今日将烧此一味,于我,自不止于得美食之乐而已。

是日,车府桌上,摆满各式菜肴,蒸炒煎炸,全是家常之食,绝无大鱼大肉,这是成都人谙熟朋友的特点,家常菜自然没有特殊珍品,然以家常之菜烧来具特殊之味,更赖高明的手法,车辐于此,有令人倾倒之能。

这顿饭自然吃得满意极了。惟一至今我犹以为憾的是,居然没有他所极为自吹我所最为盼望的炝豌豆疙瘩肠汤。车辐深为抱歉地说,没有买到炝豌豆,疙瘩肠也不好。看出了我有所失望,他郑重其事宣告:"欠你一个炝豌豆疙瘩肠汤,下次补。"说此话之后,十多年了,至今无缘补我此憾。

老朋友都知道,车辐请客有一特点,每上一菜,举箸之先,他必详为讲解,自卖自夸,滔滔不绝,讲此菜之妙,讲他的每每与众不同的烧法,边讲边吃,他自己吃得比客人多。客人叹食之未足,他已拿起菜碗"洗碗底"了——以他菜或泡菜将菜碗所剩之汁蘸而食之,边吃还边自赞曰:"好,真好!"所以拾风生前常说:"车辐请客,菜都是他自己吃了。"车辐正色答:"不吃可惜了。"其实客人何尝不吃,车辐的筷子来得急如雷电,客人不及其神速耳。

又一次，车辐和成都川剧院的笑非、熊正堃、刘双江请饭。地点是车辐选的，临街一间极不起眼的小店，不过三四张小台子，转动为难。老板兼厨师则是一家著名饭馆退役的名厨。几样菜由车辐和老板商定，又由车辐动议略加改良，更合口味。味之美，自不用说；菜价之低，更让我吓一大跳。这也是将近十年前的事了，听说成都现在吃饭的价钱，还是很低，菜之佳亦与昔日无大异，油然思之。

车辐几次到上海，朋友共请他到几家饭馆。他同样的每菜必评，倒也是赞扬为主，然其评论时的热情，则低于他在成都为主人时的自赞。这也是实事求是，两地菜肴之精粗不同使然。到我家，则让我窘迫之至。看我下厨，他以为我的刀法、下料、程序、烧法都错，他真正是越俎代庖了。看他烧菜，真是大将风度，一丝不乱，举止有序，温文尔雅，对比我的手忙脚乱，如临大敌，真不可同日而语了。

车辐善吃，懂吃，且身经各种场面，广交九流三教，从前时与达官贵人同席，复广识士夫名流，与张大千、谢无量、李劼人诸先生游。三先生皆食家，车辐与之共食，且得其精研饮食文化之精义；又和引车卖浆者流，贩夫走卒之辈同饮食，深知穷有穷的吃法之道。于是，车辐之美食，兼得士大夫之上流品位与下层社会之苦食。更有一层，成都菜馆的名厨，他没有不识者，常共研讨，得厨师实践之精妙，又能从饮食之学理而论列之。于是，车辐有美食著作多种，美食文章多篇。他是真正的美食家。前几年，他数上北京为他的友人筹办东坡餐厅。为开这家饭馆，他比老板和厨师还要忙，又是定菜谱，又是请客人。据告，开幕之日，众宾云集，人人吃得满意。他寄来菜单和开幕日盛况的照片（他极爱拍照），阅之增美。

车辐，字瘦舟，为作家，为记者，笔名甚多。朋友叫他老车，陈白尘叫他车娃子，从四川之俗也，年八十余，童心未改，凡热闹事总要参与。除精于食，复博闻强识于四川的文化、民情、风俗与政事。是以为四川的文化名流。朋友去川，必访之，而与之未识的人，亦必辗转请托以识车辐，非只为得美食，且借以了解四川文化也。别后数年，深念其人，因记其人与美食如上。

辑一　文化人与川菜

"一台酒欢宴张学良"

92岁的李召南老先生,民国时期任过川康绥靖公署交际科科长、总务处少将副处长等职。重庆人,性格开朗而随和,高嗓门,中气足,说话清楚明白,可谓字正腔圆。

抗日战争前,一日张学良去昆过蓉,到成都后,刘湘为之设宴,但只有一夜之宿,马上即转昆明,为时间所限。刘湘为尽地主之谊,坚留之,张学良说:"实在要赏饭,希望吃到你们成都有名的'姑姑筵'。"

"姑姑筵"为美食家黄敬临老先生在自己家里开设的家常饮宴,应亲友熟人的请求,须在三日前定席,限定只做二三桌,全为黄老先生设计家常风味的川菜肴。黄早年做过县官,虽设家常饮宴,但以身份不同一般厨馆饭庄,必须经人介绍,事前预定,方能出席。客到上席,又必须在座次上给他老先生留一座位,表示尊敬,不管他人不入坐,必得如此。

张学良提出这个要求,要吃当天便吃,他不知道个中底蕴,刘湘大概也不十分清楚,为使他的尊贵显客满意,只有找少将副处长李召南来办这一件事了。

李召南得刘湘口谕，要得急，马上办。乃驱车直奔"姑姑筵"黄老先生处，说明"甫公宴请少帅，晚上就要见席。"

黄老不慌不忙，笑容可掬地向李拱手道："实在办不到，晚上倒有一席，是王元甫师长三天前早定了的，敝处从来不敢失信。"

召南一听，眉头一皱，计上心来，说道："黄老，你且等着，我去了就来，自有下情回禀。"说时迟，那时快，他跳上汽车直奔布后街荣乐园找蓝光鉴老先生而去。要求蓝老马上出一上席，晚餐时要见菜。

蓝光鉴成都荣乐园老将，熟谙随园食法，"以南池之水，救北地之焚"的急求法，当场答应，蓝氏兄弟马上调兵遣将，应付裕如。

李召南马不停蹄地又赶到王师长公馆，说明：甫公宴少帅，要求师长这个这个……王自知非同小可，正好做个顺水人情。话音未落，李召南已跳上汽车，直开"姑姑筵"去，向黄老说如此。待允肯后，回向刘湘报命。——是夜，刘湘宴请张学良于"姑姑筵"，宾主尽欢。从严格的意义上说：李召南其功不小。他这类信手拈来、急中生智的手法，早已闻名于四川军政界，传为美谈。

他性情随和而乐观，故能长寿。他的老同学周善送他一联：

驾驭展长才，三分钟指挥蒋介石；

旧交存古道，一台酒欢宴张学良。

蒋介石到成都,在纪念周讲话,司仪由李召南担任,他中气甚足的高嗓门高声叫出"静默三分钟"五个字时,指挥若定,连蒋介石也被指挥得恭敬如仪了。李的同学、同事们常向他开玩笑说:"你多歪哟,连老蒋也要喊来闷起三分钟了。"他那小胡子下的一字嘴,总是笑而不答。

张大千之吃

1937年7月7日,日本帝国主义大举侵入我国,称为"七七事变"。张大千先生携其家眷来成都,住藏书家严谷孙家(今和平街),谷孙慨然腾出"贲园"书库侧院的二十余间房屋为大千家人子女、勤杂工人四十余人口安排食宿。并将小客厅辟为画室,将一方留存多年的珍贵楠木,为张大千制作一巨型画案。后来大千去敦煌,来去均以"贲园"作基地,当时国画界人士亦多往聚会,饮宴。大千自带家厨,自己常做菜肴,如他最爱吃的红油猪蹄、菜薹腊肉、二面黄豆腐等。

一日,严老设便宴招待他,张大千要求吃笼笼蒸牛肉。严谷老命人到三倒拐铁路公司右边附近一家卖小笼蒸牛肉的,端回"贲园",一尝之下,大千嫌太粗糙(牛筋也未去尽)。后又从少城长顺街端回治德号的,大千才点头称是,但仍要加工添火候。大千指点如下:要加自炕自春的辣椒面、花椒面,起笼时放下去,再加芫荽取其活鲜味。同时又命人去外东牛市口德胜下街1号(今胜利影院附近)买有名的"叶锅魁",叶发明打的才好。这个椒盐锅魁,夹入粉蒸牛肉,趁热吃,热中生鲜,鲜中出味;加芫荽,噗噗生香,生熟同吃,麻辣烫鲜香五味齐备,张大千吃得津津有味。大千"化腐朽为神奇"的手法不止这一样,他弄家常菜牛肉圆子汤,先去牛肉中的筋以及应该去掉的一切,然后和姜捶茸,下蛋清,微和芡粉,再用犍为圆根萝卜切成细丝煮汤,只加酱油、胡椒,不用味精。上桌浓香扑鼻,十分可口,且味道厚重而耐吃。大千不避厚味,咬一节泡海椒,夹一块牛肉圆子,然后用兰花调羹舀几下香气四溢的牛肉汤,送入美髯公之口。画家沈省弇问他:"这比你爱吃的广东香菇汤何如?"张答:"各有千秋,若论厚味,这个圆子汤要高一筹,地方饮食嘛,合口味。"

大千一次请几位记者于外兆昭觉寺后院藏经楼侧,因天热,随便弄了几样菜,出手不凡,设计精妙! 第一样菜是三大菌烧鸡尾,直径 47 厘米白瓷圆盘,要多少鸡尾? 从哪里去找得到这样多呢? 这盘菜至少也有二十多块鸡尾(成都人喊"鸡翘翘")。后来才由好事的记者弄清来龙去脉,原来是他心中筹划这样菜很久了,从前在上海吃过用冬菇烧鸡尾,他多次向他的家厨谈过(解放后他的家厨刘文俊自香港回来,在总府街群力食堂红锅上,他就说过:张大千最爱吃冬菇烧鸡,冬菇鸡翅汤),他家厨记在心里,终于在成都为他经常弄到鸡尾。暑袜街中央银行聚餐或大宴宾客时,银行行长杨孝慈要给他留下一大堆鸡尾送上。杨对他十分敬重,不仅鸡尾,大千在成都举办画展,展前用钱也由杨孝慈记账借支,他有经济上的朋友支援;至于开画展前的安排调度到跑路等,有国际照相馆的经理高岭梅为他代办一切。

大千处处有友人,已故老画家刘既明说过:凡找大千要画的人,他力所能及者,都会得到,有求必应,他一生广结善缘,故处处是朋友。

1981年过大年,张大千在台湾宴请张学良及其夫人赵一荻等,共16样菜,中有笼笼蒸牛肉。台湾没有成都小竹笼笼的,大千在海外改用一般大蒸笼。粉子是用玉蜀黍粉在锅内炒到发香的程度,和牛肉上蒸。不过,他很怀念成都的小笼牛肉。豆泥蒸饺一般用南瓜瓤子,因在元宵节,改用豆泥。台湾在正月本有西瓜,还没有南瓜。红油猪蹄只用红油提色,不见辣椒。他也喜吃姜汁猪蹄,只取姜汁,不用姜米子放入,虽麻烦一点,却求精致,有张大千风味。

去嚼张大千

抗日战争胜利前两年,成都来了一位海派十足的《大公报》特派记者张篷舟(杨纪)。除西装笔挺而外,他还带了一条绛黄色亮毛德国狗,走哪儿他都带去。一次成都空军招待记者在簇桥太平寺机场坐双座教练机,他老兄也将德国狗带去了。处处显得异样特殊,对于成都一些土包子记者,他就没有放在眼里了。

那时我在《成都快报》兼任记者,也敦聘张为特约记者。一个海派,一个特约,他更加神气了。他对《快报》似乎要大加整顿一番,就把燕京大学新闻系任教的蒋荫恩约来,编排起版式来。当时花会举行国术比赛,知道我懂点北派拳,就把我约去专门采写打擂的消息,辟了一个专刊,我一稿两发,为《华西晚报》与《快报》。从打资格到打银章、打金章,我采访了全过程。

一个海派,一个洋派(蒋荫恩),把《快报》弄得有声有色。他两位精明能干,确实有学问。张篷舟的国学底子厚,是有名的薛涛研究专家。他在国民党那边教书时,岑学恭还是他的学生。

解放后他回成都（他是成都人），请岑学恭、郎毓秀夫妇、任子立及我，在荣乐园请曾国华大师弄了一桌，吃舒展了。因为吃荣乐园，我同张篷舟谈起与住在外北昭觉寺的张大千先生联系，去嚼他一台。

一切由张办理，他约了《成都快报》罗芸荪、罗作阶，《中央日报》薛熙农，《黄埔日报》张君特，《新新新闻》谢趣生，《华晚》是我，人不多，刚刚一桌。张大千住在昭觉寺最后一殿，是藏木版经书的地方。他携带徒弟、裱工、佣人、家眷及厨师等分住几间大屋子，画案上文房四宝，应有尽有。

大千内室门口，拴了一条从西康带出来的长毛大狗，既肥且大，有如小狮，用粗铁链拴住，外人休想接近。那天张篷舟的德国狗没有带来，大概知道不是藏狗的对手吧？

内室有如花似玉穿阴丹士林布的女郎进出，也许是大师的"入室弟子"了？

大千先生出来见了我们。他红光满面，美髯飘拂。一阵寒暄之后，看他的弟子们作画，他在一旁指点。中午开餐，大千说："随便吃吃、随便吃吃。"满坐一桌，却只有几样菜，可这几样菜的分量，也可抵一桌全席了！头一道菜是葱烧海参，大蓝花盘子盛着，是开乌海参发的，二指宽，如凉粉之嫩，足见高明厨师的技法。葱烧海参是北方馆子明湖春的地道做法；另外配有两大碗银丝卷，银丝卷当时只有明湖春一位姓庄的北方厨师能做，一个有二两，咬开皮内条条银丝十分爽口，川厨中只有荣乐园蓝光荣的白案可与之对手。

第二道菜是大品碗三大菌烧鸡转弯及鸡尾。据说张大千最喜欢吃"鸡屁股"，一次在他的熟朋友家饮宴，上此菜时他用筷子指住鸡尾说："哪痛吃哪。"宾主怔然，不好下箸，于是张大千先下筷夹进口里了。大千爱说笑话，也有可能在吃鸡尾时说说笑笑而吞之乎。另外还有板栗烧鸡、红烧樱桃肉，颗颗发亮，火功到家。每菜分量均大，当一般上席菜两三倍，足使座上之宾大快朵颐。这一席吃了快五十年了，而今回味，仍有清口水在齿颊间流动。

　　张篷舟曾将张大千一幅画捐献给了望江楼，他生前回成都询问此事，却没有下落。

车耀先·努力餐

上世纪30年代车耀先烈士以餐馆老板身份在成都先后经营了三个内容不同的饮食店：一、面馆"新的面店"；二、餐馆"努力餐"；三、饭店"庶几"。三个饮食店各具特色，以川西平原地道口味出之，且价廉物美，深受食客的欢迎。

"新的面店"1928年春前后出现于青年宫的花会上，后改在祠堂街牌坊巷口正式营业。20年代，成都市面店卖的全是传统的，可是"新的面店"卖的是从天津买回来的机器制作的机器面条，均匀整齐，卖相好看，生产效率高，开拓了成都用机器制面的先例。他们独家经营出炖鸡面、三大菌面、鳝鱼面、炖牛肉面等。

"努力餐"1929年在三桥南街开业，1930年迁到祠堂街经营筵席和零餐。川省名厨师金鳌（早年曾在护国军中给时任旅长的朱德当炊事员）30年代为车耀先聘请为主厨。同时聘请盛金山为副主厨，举凡餐馆厨事，均由车耀先与二位名厨共同研究，如何在传统烹饪基础上出新，使"努力餐"首先挂牌开出著名的"海味红烧什锦"，这"海味"二字十分重要；先前成都干杂铺卖的海味均是干货，没有"海鲜"（开放后才有"海鲜"二字出现），餐饮筵席上用的"海味"全是干货海味，由厨师用水发过，然后放入什锦中红烧，在"努力餐"开始定名为"海味什锦"，也是"努力餐"的看家菜。做法用公鸡肉、腊干、猪舌、肚、心、肺、猪腿肉、海参、鱿鱼、香菌、玉兰片、白果、板栗、鲜胡桃仁等十余件，红烧时加料酒、冰糖。用12寸大盘盛一份，足够四人进食，售价是当时四川厂造银5角（约合今20元币）。食客的评语是"质高、味厚、色鲜、价廉、营养"十个字。它的"攒盘"，用大拼盘装五六样可口的腌肉食、肚、舌、心、肝、肺，品种齐全，为了满足教师、职员等低收入者的消费，餐厅还设有配套菜——合菜，有冷碟、热菜、红烧、清蒸、吃饭时的泡菜两碟，尤为食客所欢迎。这是车耀先去新繁县请来的专门做泡菜的师傅研制而成。

"庶几"是饭店，1930年开设在少城公园左大门侧，每天卖几样肉食，小菜、泡菜酸汤免费供应，店堂内挂食客们送的横框："努力为大众辟吃饭场所其庶几乎"。去就食的多为一般公务人员，拉黄包车、架架车的以及学生等。三个饮食店的与众不同之处，在于招牌写法左到右，并用了当时少见的美术字，出自版画家张漾兮、广告画家周强星之手，很吸引人，花会上打出新的广告宣传"花会场、二仙庵、正中路、树林边、机器面、味道鲜、革命饭、努力餐"。使人一新耳目。车耀先烈士在他经营的"努力餐"公开告白："如果我的菜不好，请君向我说。如果我的菜好，请君向君的朋友说。"

早年车耀先从事革命活动，以"老板"身份开业，并创办有名的《大声》、《图存》等救亡刊物;主办群力社、战时学生旬刊社,主张反对日本帝国主义对我国进行侵略、抗战到底、反对妥协投降。救国会七君子沈钧儒、邹韬奋、史良、李公朴、章乃器、王造时、沙千里出狱来蓉,车耀先烈士特为之设宴于二楼,第二天沈钧儒陪同邓颖超与车耀先见了面。中华文艺界抗战协会成都分会欢迎冯玉祥来蓉,也在"努力餐"举行,种种宣传抗战活动,早为国民党反动派所注意。1940年春反动派发起反共高潮,在成都制造了震惊全国的"枪杀事件",妄图打击抗日的进步力量,破坏党的统一战线,将《时事新刊》编辑共产党员朱亚凡抓去,第二天枪杀了。又将《新华日报》负责人罗世文逮捕,杀害共产党人员11人。其后并将车耀先捕去,1946年8月18日杀害于重庆松林坡。

李劼人与食道

博大精深的美食家

从苏轼算起,有杨慎、《中馈录》的女作者曾懿、李调元、傅崇榘等,他们都是地地道道川菜著作家、美食家。有的自己也能做几样菜,有的对于烹饪,有闻必录,广泛搜集资料,丰富我国饮食的文化,作为祖国遗产一部分留给后人。——到了李劼人(1891—1962),才算把中西两种不同性质的食道做了比较,系统地阐发了四川人之吃及川菜方面的一些做法与看法。他幼小随父辈宦游,看了一些做菜上席的场面,留学法国,生活昂贵,也不习惯,自己办起伙食来,充当"火头军",身居异国却锻炼出一手能烹善饪的技术。归国后,看不惯当时腐朽反动的政治,开了馆子"小雅",自己设计,安排调度一切,他有实际经验,又能行之于文,有的提高为理论。他的《死水微澜》、《暴风雨前》、《大波》等名作中,有极其详细有关清末民初成都饮食情况的记载，是研究川菜川味十分可贵的资料。劼人先生在文学描写的手法上，近于自然主义，郭沫若誉之为"中国的左拉"。也许正因为他那细微描写的手法和他本人历来谨严做事的态度，一丝不苟地记下了一些生活细则。他夫人杨叔捃说：他们开"小雅"时，每天都记流水细账，星期六、星期天卖什么菜，都有个算。可见他对于生活的关注，博大精深；这也是他生命力旺盛的表现。

他的友人、秘书、《李劼人选集》编辑谢扬青说："掌瓢执勺诸事自然都是夫妻俩亲手操作。劼翁研究烹调艺术，不仅贯通古今，融会中外，而且从理论到实践都有新的创见和发展，还特别推崇来自民间的大众食品。……在巴黎，在蒙彼利埃等处，都跟中国留学生在一起，便集体自办伙食，大家一起钻研。而他的庖厨功夫，在留学生中早就有盛誉。"

"小雅"之由来

1930年秋，成都几家报纸登载出轰动锦官城的新闻，它的标题是：《成大教授不当教授开酒馆，师大学生不当学生当堂倌》。记者濮冠云在介绍文章中的小标题是："虽非调和鼎鼐事，却是当炉文雅人。"惹人注意！当时成都风气闭塞，消息一出，一时传为异闻，不胫而走。但也确使一些封建卫道士认为：李劼人这留洋生，不晓得搞些啥名堂？为人师表，如此下作无怪学风日下，拿给这些人败坏了；也有那批夫子之道的顽固派，很自然地把他同"在四川只手打倒孔家店"的吴虞（幼陵）联系起来，认为他的"怪异"举动，简直是大逆不道了，背后攻击他的人是"异端"。李劼人早已料到这些流言蜚语会向他袭来。为他"跑堂"的、受他资助的、成都师范大学生钟朗华在《怀念李劼人先生》一文中写道："李劼人先生为什么要离开成大，甘愿去开面馆呢？这时革命已处于低潮，成都是四川军阀统治的中心。大小军阀连年混战，争夺地盘，把老百姓敲骨吸髓榨来的钱，在省城过享乐腐化的生活，他们成立一个军警团联合办事处（应是'三军联合办事处'，即28军邓锡侯，29军田颂尧，24军刘文辉。——作者注），对进步人士、青年学生大肆逮捕、屠杀。在我上省的头一个寒假就发生了'二·一六'惨案，血淋淋的尸体停在至公堂。教育界也成了军阀、学阀争权夺利的地方。李劼人先生深受青年爱戴，他不同流合污，敢于仗义执言，蔑视反动当权派，被人嫉恨，遭受封建势力不满是必然的。"他自己的态度十分鲜明："1930年暑假，成都大学校长张澜，由于思想左倾为当时军阀所扼制，不能安于其位。张澜先生要到重庆去，我不能劝他不走；我自度在张澜先生走后，我也难以对付那些军阀。所以，在张澜先生走以前，我就提出辞职。张澜先生没有同意，我遂借了三百元，在成都我租佃的房子里经营起一个小菜馆，招牌叫'小雅'。我同妻亲自做菜，一是表示决心不回成都大学；一是解决辞职后的生活费用。"——"小雅"就是这样不择吉而开张的。

"小雅"是反抗

"小雅"开张前一天,李劼人写了纸条,贴于墙上:"概不出售酒菜,堂倌决不喊堂"。开张前一不登广告,二不做宣传,开张那天也不放火炮,它在平平常常、不动声色中开张了。但因是去过法国的留洋先生,又是大学教授,知名度大,仍然是宾客临门。当时《川报》社长宋师度以及成大校长张澜也同几位教育界人士去光顾了。后来不少文化界人士,也成为座上之宾。

"小雅"是旧式单间铺面改装而成,略带长方的屋子,隔成前后间,前大后小,前为餐室雅座,后为小厨房;经过一番修整、裱糊、粉刷,显得干净洁白。靠墙壁两边放小圆桌,铺上白桌布,十来把椅凳,可以看出家具是东拼西凑而成,但却洗得里外干净。

"小雅"出自《诗经》,它一多半吟哦的是统治阶级的危机和忧患感以及反映人民生活的民间传说的诗歌;也有一部分表现周室与西北戎、狄部族以及东方诸侯各分割小国之间的矛盾。那不正像当时四川军阀的封建割据、荼毒生灵、混乱砍杀的局面吗?他取这个小招牌名字,不是附庸风雅,而是针对时弊,借以抒发自己愤世嫉俗的心境,是向旧社会宣战,对军阀、官僚以及恶势力等的毫不妥协,是对那些阿谀逢迎、社会寄生虫的嘲讽。

提起四川军阀,我们的美食家无不切齿痛恨!1924 年他从法国回来,一到成都,就有从法国回来的一些人向四川督理杨森的幕府中去投靠,有的去当秘书,有的甚至为杨督理献女色。他们中有人向李劼人规劝:希望他去见见杨森。但被他拒绝了,"因为在上海时就听说杨森是妄人,及至回到成都,又看他办的新政大都有名无实,而且比一般军阀都蛮横无识",他绝不同流合污,仍去《川报》当编辑,写评论。不到3个月,《川报》就被杨森封闭了,把李劼人抓到宪兵司令部关押起来,栽诬为发表反对北洋军阀吴佩孚的文章,其实是恨他不合作。并且他还用真名写了几篇讽刺小说,连嘲带讽,刺痛了他们。由于许多正派人士和劼人先生的朋友营救,关了8天后才释放,但从此不准他办报。

"菜谱在肚子头"

"小雅"经营面点,几样地方家常风味的便菜,每周变换一次,均以时令蔬菜入菜,不是什么珍馐盛馔,但很有特色,样样精美别致,不落俗套,注重经济实惠:点心为金钩包子,面食为炖鸡面和最受欢迎的番茄撕尔面,冷热菜有蟹羹(呈糊状,以干贝细丝代蟹肉)、酒煮盐鸡、干烧牛肉、粉蒸苕菜、青笋烧鸡、黄花猪肝汤、怪味鸡、厚皮菜烧猪蹄、肚丝炒绿豆芽、夹江腐乳汁蒸鸡蛋、凉拌芥末宽粉皮(这是他家传湖北黄陂家乡菜)。另外有几味面菜冷食:番茄土豆色拉(以川西菜油代橄榄油)、奶油沙士菜花或卷心白菜等。

劼老夫人杨淑捃告诉我:"开小雅没有啥子菜谱,菜谱在肚子头。"

"哪记得那样多呀?"我问。

"都是我们(指劼老)商量到做菜,当时最受欢迎的是:豆豉葱烧鱼,我们用的口同嗜的豆豉,比潼川豆豉、永川豆豉的颗子大,味厚味好又香,浇上去也出色好看。我们都是用生猪油煎鱼,味道分外香好吃。干烧牛肉,用的眉州洪宜号的黄酒作料酒干烧,加姜块子,决不用茴香、八角,李先生做菜忌用,说用了太俗气了,那是一种草药味,显不出家常烧的功夫来。"

"听说李先生做菜,有不少忌讳?"

"他炒菜不用明油(菜炒好起锅时再加上一瓢油)。不用味之素(味精),总之要去掉馆味。烟熏排骨,熏法用花生壳壳加柏枝,说花生壳壳生香,柏枝馨味。后来长美轩也这样做,也很卖得。我们星期六添几样菜,有干煸鱿鱼丝,加干辣子面的卤牛肉、板栗烧鸡、香糟鱼、沙仁肘子(白味,不涂菜红),轮流变换,平时配四季不同的鲜菜。"

"我们的泡菜也做得讲究,每天排队来买。"

"姑姑筵的泡水黄瓜,五角厂板(四川造币厂造的硬洋)一碟,越贵越有人买,味道好。"

"我们没有那样贵,买的人天天排队,有人造谣说我们发财了,因此惹起了匪人的注意,才绑架了李远岑。"

李远岑是劼人先生的儿子,为旧军人一个连长串同匪人绑架去了,那时李远岑才 3 岁,经过 27 天,一共花了 1000 银元,才将他儿子赎回。也因此而负账累累,无心再理"小雅",以后到几个中学教书;每周上课38小时,因而弄得得了胃病。美食家的李劼人并不因好食而得胃病,是教书辛勤劳动所致。但美食家之死,却是为了吃。他的起病原因是平时晚饭前,喜欢喝两杯,吃点卤菜。1962年正是困难3年之末,家人从外地买回卤牛肉,未经消毒,食后腹部不适,上吐下泻,以致痛得休克。临床诊断为急性坏死小肠炎。后经全市医生会诊,抢救一周,未见好转,最后肾功能衰竭死去,终年71岁。他的死同唐代大诗人杜甫之死相若。

婚后八日,萍飘法国

他在29岁那年(1919年)8月同姑表妹杨叔捃结婚。婚前一月,李璜自巴黎来信,说他和周太玄主办巴黎通讯社业务发展,人手不济,特邀他去法国合作;一面也可读书求学。于是新婚8天之后他便毅然去了法国,一去就住了4年零10个月。在留学生活中,朝夕与法国人民,特别是下层人民相处。他同周太玄是半工半读,生活相当艰苦。有一段时间,版费稿费没有从祖国汇到,手边只剩了不多几个法郎,买菜吃不够了,要精打细算,只好买几条面包,切成若干份,到肚子饿得受不了时,用冷水泡泡才吃一份,真是到了挨饥受饿的时候,房租和水电费到期却一定设法付清。周太玄佃房子住的地方,尚有一间小房楼可住,大家在一起办伙食,比在外面吃饭俭省得多。李璜在法国写李劼人："其寡母能做一手川菜,有名于其族戚中。故劼人观摩有素,从选料、持刀、调味以及下锅用铲的分寸与掌握火候,均操练甚熟。后来到了巴黎,在四川同乡中好吃好谈,不忘成都沃野千里,天府之国的中心城市,米好,猪肥,蔬菜品种多而味厚且嫩,故成都之川味,特长于小炒,而以香、脆、滑三字为咀嚼上评。……成都茶馆特多,而好友聚谈其中,辄历三小时不倦。我辈自幼生长其中,习俗移人,故好吃好谈,直到海外留学,此习尚难改掉。而劼人、太玄两个成都青年,不但会吃,而且会做川菜,因之我们都尊之为'大师傅'。每聚,劼人与太玄轮流主厨,我姐则为下手,我与黄仲苏因法语比较好,与小菜场和猪肉店打交道,照单选择,剔肥搭瘦,颇费唇舌。"这里叙述的"下手",是李璜之胞姐李琦,她到巴黎艺术学院学绘画,在拉丁区学校街租了一所公寓房子。每周末或星期日就公寓聚会,几个成都人,各人亮出看家本领,红烧小炒,聚餐一次。痛饮之后,他们各出所吟诗词或绘画,交相品评,一时标榜为文艺沙龙。

李璜与黄仲苏当"采买",凡聚餐弄菜,二人则必先行,到巴黎菜市场去办"脚货",因为是异乡异地,也遇到一些想不到而又带戏剧性的难题。"四川人好吃辣椒,但成都人不吃生拌辣椒,而要以做豆瓣酱,或用烧酒与盐泡浸久之,然后作为调料之用。但做豆瓣与泡酒辣椒所用之大红辣椒,一次去非买一二斤不可,在半世纪前巴黎人都不大吃辣味,只偶尔在拌生菜时放一二丝红辣椒。长条粗壮的红辣椒,都是从西班牙输入,只有少量。在小菜场菜摊偶见十余根,价虽不贵,我一下买完,还问再有否?则卖者必大惊,问我家里有好多电灯罩?要这样多的长红辣椒来作装饰么?原来巴黎人买长红辣椒,每以之吊在灯罩下面,用作点缀光景的。我只有再找西班牙人,与他订购,专门输来。西班牙红辣椒,既肥且辣,劫人以做菜,夸称色味俱佳。"——李璜

这段话确有来历,据历史记载:西班牙殖民主义者1519年抵达墨西哥时,已尝到阿斯特卡帝国的末代皇帝的辣椒味了。13届世界杯足球赛就有个身穿运动服,头戴辣椒形状宽檐大帽的吉祥物——比克。"比克"在西班牙语中词义甚广,主要是指辣椒;又包含竞赛和冲刺的意思,不过本文则指辣椒。

李劫人做菜李璜跑腿

李璜写道:"一次,劫人忽发奇想,要烟熏兔肉,巴黎人则喜欢吃红烧兔肉,以红油焖出,甚为爽口,但劫人要照成都吃法,烟熏凉拌,如棒棒鸡一样,用以下酒。劫人要用落花生的外壳来熏,认为这才香。这一购办落花生的差事,又把我跑苦了!法国不产花生,我亦不知其洋名称,图画捉拿,才在巴黎郊外吉卜赛人游乐场买到手,原来此物出自北非洲,只有吉卜赛人称之为'瓜瓜里赤',带来卖与儿童。我买得的花生斤两也不多,劫人视为异宝。"由此可见劫人先生精于食道,讲究美食美料,且小处不苟。他在50岁生日,成都东大街崇德里嘉乐纸厂的同事们为他在外东沙河堡菱窠祝寿,我也参加了。由城内抬了一坛绍兴黄

酒去,就餐时有人揭去坛子上泥封的盖子,劫人先生态度十分严肃地认为万万不可,应以铜铸的、弯弓形的"过江滤"过酒才好,好在不因打开泥封盖子一下子而敞之,从细"过江滤"徐徐过滤中出来,保持其陈年绍酒的陈年味才好。他当时怕大家不懂,又打比喻说:铁厅子纸烟,刚刚开厅子的第一支香烟,特别香且分外吸引人;又举出如泡成都三熏黄芽(当时花茶中的上品)以鲜开水冲入三件头的江西瓷盖碗茶内(他还说以彭县瓷茶碗泡茶也要差错味道,非用江西瓷不可),揭开茶盖子,不必忙进口,宜先用鼻闻鲜开水蒸发出三熏黄芽的香味,那是一种享受,沁人心脾。——食道、文化、作家、写作,都有关系,反映到他的作品里,该做细致描写或应当详细交代的地方,他都一丝不苟,谨严朴质,作家不懂得生活行吗?

关于他们在巴黎之"文艺沙龙",李璜说:1922 年"每聚必到者,忆为李劫人、李哲生、周太玄与黄仲苏。徐悲鸿与常玉这两位画家,则不去卢浮宫临古画,亦偶听见劫人或太玄要做拿手好菜时,便也欣然参加餐会"。(以上李璜所谈各节,均见台北《传记文学》杂志 190 期《李劫人小传》。)对徐悲鸿与李劫人这段与吃有关的记载,尚是初见。

他的美食之精到处

吃,也可以粗放,也可以精到。吃了嘴一抹就走,纵使吃了一辈子,有何用哉?李劫人之吃,不仅在于会吃、会做,难得是——精到，而且又能行之于文，将其精到处用文字记载下来，作为总结性的论述，比之于前人，这一点他的贡献是很大的！

他行文中举出实例，有不可辩驳的说服力，如他说："江南的莼菜，定是我们的冬寒菜——又名葵菜所能匹敌？营盘蘑菇，定是我们三塔菇、大脚菇所可企望？（西康的白菌和鸡㙡菌，其庶几乎！）"他还举出"乐山的江豚——一般人称为江团甚至在团右一鱼字旁，其实即江豚之讹——泸县之癞子鱼、雅安之丙穴鱼（又名嘉鱼）、涪陵之剑鱼、峨嵋之泉水鱼，都不亚于松花江之白鱼、黄河之鲤鱼、江南之河豚、松花江之鲈鱼、长江之鲥鱼和鳜鱼也。（岷江流域也产鳜鱼，也产四腮鲈鱼，成都市上偶尔可见。）虾亦好，虽不肥大，但无土气。所最称缺憾者，只是没有螃蟹，但仁寿县的蟹即是南蟹种，苟得其法养育之，亦可弥此缺憾。且峨嵋山出产之梆梆鱼，即食用蛙，若有饲之，其壮大嫩美且过于美国之牛蛙，而昆明翠湖之螺黄，则又特产中之特产"。这一段论述，有比较，有分辨，有类比，有考证，博大精深。如以江豚证江团之误，虾不大没有土气，此皆深入细致观察，又经实践（吃进嘴，或谓之品味）得出的结论，而且是准确无误。如他到南堂馆子吃乌鱼片，是从法国引进的吃法，要求将乌棒鱼切成剃胡刀片那样薄，两个指头宽，两个指头长，用清水冲洗，一直要冲到生片乌鱼片卷起才吃。对于这种生鱼片的吃法，略蘸酱油和紫菜，是日本吃法。劫人先生一般爱用此法，但也有他别出心裁的吃法：以鱼片和果子酱，然后在酱油碟子里拖一下进嘴，取其甜咸相兼，可加莲花白丝子和果酱与鱼片同吃，惟这种鱼片不能用辣椒，它不等于上火锅之生鱼片，上火锅生鱼片根本用不着淘神费时去用冲了。劼老当时认为吃乌鱼片在成都，只有去枕江楼，因为楼下临锦江，鱼篓子就放在流水中，要吃就去拿，同这里的醉虾一样，吃个新鲜。

他在吃法上也深入精到，如在上白油虾仁时，端着大曲酒一杯，至少有半两，便往菜里倾倒，同席者无不愕然！但是，只要你去吃一下，二下也就必然跟上去了。抗日战争中文艺界的送往迎来，常于总府街江苏馆子四五六（今红旗剧场西邻）聚餐，上镇江名菜鳝糊，他也以小瓶胡椒倾倒于热腾腾的鳝糊内，添其辛辣，炙手可热而食之。四五六胖经理在惊诧中佩服这种新鲜别致的吃法，有如重彩泼墨，谓之曰食中之豪放派亦无不可。这与他本人性格不无关系，劼老身子较矮，精神饱满，眸子炯炯有光，说话清楚有力，言谈间挥洒自若而又有幽默感，先声夺人，常使举座皆惊。他的性格开朗，豪爽而干脆，如1924年回国，路过南京，东南大学名教授黄仲苏推荐他去教法国文学，他听说那时东南大学复古空气浓厚，便拒绝任教回四川来了。到成都，他的法国同学、友人推荐他去四川督理杨森那里任事，他也一口拒绝。由此可见，他的性格，他的做人，他的吃法，千丝万缕，不无关联。他写道："如将中国各地特殊做法汇集写之，可以成书一厚册传世，如《齐民要术》之典册，且可以供民俗、民族等科之研究，而为博士论文之所据焉。"行文如泉源涌地，皆食历之深厚也。

他从见多识广中作食道之类比，头头是道，合乎科学的吃

（他力斥假洋鬼子那一套皮毛之见）。以黄豆而论,从它的发酵过程,到做成豆腐乳,详述其六大过程、六大变化、由量变到质变。他指出:西洋人从牛奶中去求变化,中国人则从黄豆身上打主意,因为黄豆为中国所独有,历史悠久(即古时说的菽),日积月累,变化多端。

中西比较,花样繁多

川菜品种多,做法更多,一法之中又生他法,他举出蒸,家户人家有饭上蒸、馆子里有笼内蒸、过夜回蒸、隔碗蒸、不隔碗蒸、干蒸、加水蒸等等。此外并例举煎、炒、炸、熘、烤、烧、焖、煨、熬、氽煮、烹、燉、炕、煸、烙、烘、拌等20种基本手法。其间尚有综合法,即炸而复蒸,煮而又烧。他总结了复合菜中的多样化:"有综合二者为一组,有综合三者四者而为一组,则奇中之奇,玄之又玄。"而且指出:"繁复多变化的手法,不特西洋人莫名其妙;即中国人而无哲学科学头脑,以及无实地经验无熟练技巧者,也根本无法明奥妙。至于西洋人做蔬菜,除少数品种能变一些花样外,大多出以单纯方式,倘不是白水煮好,旋加黄油、生盐、胡椒,即是揉之成泥,糊涂而食之。""一块猪肉一把蔬菜,若将其放在美国中等人家的主妇手上,她的做法,大约从元旦到除夕,永远是那样:肉哩,非烤即煮,以熟为度。蔬菜哩,可以拌则生拌,不生拌即以白水煮熟,要以吃得下去,合乎书本上所说,与夫能够发生若干卡路里热量为止。其最大要求,不过如见啥吃啥的中国穷人,取其一饱而已。然而要是这一块肉和一把蔬菜,落到中国的中等人家主妇手上,那么,我敢担保说:至少三天有个变化,我们可以想像得到:第一次是白煮肉和炒素菜;第二必然是红烧肉和肉丝炒菜;第三必是肉菜合做。这一来花样就多了,煨啦、炖啦、烧啦、蒸啦,甚至锅辣油红哗啦啦的爆炒啦,生片火锅般的烫一烫或涮一涮啦,诸如此类,其要点在怎么样将其变一变,而吃起来味道不同,不至于吃久生厌。"——当然他是比较而言,至于西方人之吃法,各有其习惯性、特殊性,从本义上说他没有丝毫鄙薄之意,但对些假洋鬼子之流,则予以不客气的鞭打。

"烹饪艺术"的提法

劫人先生关于吃的著述中,谈及烹饪(做菜)、食道(品味)、派别(家常派,馆派,厨派),总的归纳起来是艺术,即烹饪艺术,这是他惟一的提法。还没有见到他另外的提法,如"烹饪美学"之类。此点与美学家王朝闻和洪毅然的说法不谋而合,他们说:"种种好看不好吃——甚至,只供看,不能吃的某些流行'名菜',其实并非真正'烹饪艺术'的方向!因为'烹饪艺术'属于'实用艺术',且是味觉艺术而非视觉艺术,实用(吃),是基本要求。反此,则成自己之否定。正如所谓'现代书法'根本不去写字,还算'书法艺术'吗?""烹饪作为一门艺术,凡只好看不好吃者,殊非这门'实用艺术'之正道,而现在存在着某种只图好看以骗取惊赞的取巧倾向。"

李劼人以文学家笔下写食之道,不但具体而微,而且把它形象化了。以他写"火"为例,川西坝子过去都是烧柴,柴又来自于眉(州)、彭(山)、丹(棱)、青(神)等县,均在成都百余里之外,也是当时70万人口成都开支最大最伤脑筋一件生活上的大事。所谓"米珠薪桂",这个"薪桂"就逼得成都人,特别是家庭主妇、灶头上的人,用柴分外精心、节省。他写道:"柴是劈得那么短,那么细,那么匀,排在小小的灶肚内的铁架上,又那么精致;弄菜弄饭要大火时,可以一口气排上四五根,只要菜饭一熟,喊声'退火'!立刻将柴拉出弄熄。成都人得燃料不易,故于用火亦极考究。做饭不用说了,其技之精,能在一口铁锅内,同时做出较硬较融两样米饭。即以做菜言,无论蒸炒煎炖,也极穷究火候,而尤其长于文火的煨、㷽(成都人读靠,靠在火炉边,使其加温、保温)、焖(成都人读邯,憨的发音,菜已做好,火候亦到,使之在微火上'邯'上片刻,或'憨'而久之,使其软烂糜柔,或收其汁子更为浓缩)。……一言以蔽之,中国之大,燃料来源各殊,炉灶不能划一,大批只能以食品去将就火,不能全然以火来将就食品,但大体别之,火分文武,文火者,小火也、微火也,加热于食品也渐,所需时间较长;武火者,猛火也,其焰熊熊火也,做食极快。例如炒猪肝片,爆猪肚头,只要在烈火热油的耳锅中,几铲子便好也。无论文火武火,而要紧者端在火候,过与不及皆不可;其次,则在调味用盐,如何先淡后浓,如何急挥缓送,皆运用于心,不可言宣。故每每同一材料,同用一具,同一火色,而治出之菜公然各殊者,照四川人的说法,谓'出自各人手上',意在指明每一样菜皆有作者的人格寓乎其间,此即艺术是也。"这个说法,既形象又透彻。成都的戏曲术语中有:"拿子午,掌火候",这"火候"二字分明出于烹饪技术上,综劫人论述,并未将它神秘化,火候画不出什么方程式,虽不明白 xy 等于什么,可是凭了需要,凭了经验,凭了常识,就能做出上口美味的好菜来,这种好菜给人印象钻筋透骨,一辈子也忘不了。

艾芜谈川菜

老作家艾芜对川菜、川戏十分关心,他说:"单是吃饭,只消一两样菜就可以了,甚至不必要鸡鸭鱼这类的荤菜。欧美人的饮食,虽然以肉食为主,不就是做一菜一汤,几片黄油面包吗?中国人请客饮酒,可就需要很多的美味佳肴,起码也得有十多样。因为吃酒吃菜,完全是在品味,尝其芳香,乐其可口,好的名菜都是千百万人同声赞美,表示过真诚的喜悦。也可以说,中国各地菜肴美味,是历代千百万人品尝出来的。"(见《四川烹饪》1985年第2期)西汉扬雄在《蜀都赋》里就写道:"五肉七味,朦厌腥臊……莫不毕陈。"可以看出当时已有了复合味,开始了主辅料配搭的多样做法。于此,艾芜指出:"中国在两三千年前就发展了烹调技术",积几千年的经验,"四川菜是从四川这个地方发展起来的,有它不同的特点。四川古称天府之国,物产丰富。从历史上看来,人民生活比较富裕一点,一般婚姻宴客的风俗,都得有个'九斗碗',即是要有九碗菜肴,摆在桌上。有钱人家,还得在'九斗碗'之外,再加九个冷盘,这大都是乡下宴客的情形,至于城市的餐厅饭馆,就更豪华"。——地理条件是很重要的,从雪山草地、高原河谷到广袤的盆地,自流灌溉的平原,既是粮仓又是蔬菜基地,供自食而有余。艾老谈到四川菜诸多特点中,特别指出川菜中的香料,"四川就格外的多",如"自贡的盐,先是给皇帝吃的,故有'自流贡井'之称,这就表明川盐有其优点。没有川盐调和,川菜少些味道。又如川菜中最有名的豆瓣鱼、豆瓣肘子,其中最重要的辣豆瓣酱,是别的地方没有的。至于使用辣椒、花椒,组成麻辣味道,是四川的特点,但不用辣椒、花椒的名菜也是很多的"。真正川菜中上席好菜在清汤佳肴,有"唱戏的腔,厨师的汤"的民谚。历史川菜上品,以清汤为重,品位最高。

抗战中我去重庆,到中华文艺界抗敌协会总会张家花园去看望一些会友,也必然去看望艾老,那时生活艰难,与他同住的有陈白尘、胡风等会友。艾老进餐时就是几片泡菜下饭,招待客人去端一碗豆花、一碟椒盐油酥花生米,切几片干牛肉,虽然简单,却吃得香脆而亲热,边吃边听他说他家乡新繁县(今属新都县)的泡菜,达几十种之多,有的可泡一年半载,有的只泡几个小时。有专门泡菜的师傅;至于家庭,家家有专门泡菜的能手,媒婆去说媒看人,还要看泡菜坛子里大姑娘的手艺。艾老带有总结性地指出川菜和中国各地的菜,都是我国人民集几千年烹调艺术的大成创造出来的,丰富了人们的生活,花钱不多,就地取材,得到最好的美味,鼓舞人热爱生活,奋发有为。——这是艾老的主张:吃是为了"热爱生活,奋发有为"。一段时间,他搬进了成都新巷子19号省文联宿舍,仍然过他那朴素的、平平淡淡的生活,为人所敬重。

一次我与川剧表演艺术家阳友鹤去拜访艾老,阳友鹤谈他是濛阳场的人,与新繁邻近,在闲谈中也谈到新繁的泡菜,说讲究的泡菜师傅,首先要挑泡菜的坛子,以隆昌的下河坛子最好,使用自贡盐,加入其他香料(包括八角、草果、三奈、花胡椒、香菌等等),按一定比例下料,要选上等的泡菜和海椒,要精选丘陵地带,双流县牧马山王家场一带上等好品种辣椒的二荆条,它辣不及自贡新店子的,但其香味特别,用它炒鱼香味的菜,分外有一种喷香,引人食欲。王家场黄甲乡地区的二荆条红海椒,年产几百万公斤,远销省外及东南亚(艾老《南行记》经过的地带,当地人吃辣椒,比四川人吃的还辣!)。用二荆条与鲫鱼同泡于菜坛内,保鲜长久,质地脆健,咸香味微带酸,余味回甜。这种鱼香泡海椒,远销日本、美国、泰国以及巴尔干一些国家。鱼香味泡海椒是做菜必不可少的作料,要做好鱼香味的菜肴,就在马路边、幺店子的小馆子中,也可吃到很巴味的鱼香味道。

阳友鹤每饭不忘泡菜,已故电影明星白杨,对于四川泡菜赞不绝口,说它是下饭的好菜。如遇淡季缺菜,米汤泡饭,一碟家常泡菜也就足矣。

艾老说:"新繁的泡菜大致可分为三类,陈年泡菜,最长可泡三年,此其一。听说川北的泡菜泡得更久,热天从坛子里抓出来,泡菜水成了液体状,川北人很喜欢吃,他们不叫泡菜,叫'酸菜',泡得越久越好;再就是当年泡菜当年吃,一般是给栽秧打谷时用;其三是洗澡泡菜,最短只要两个小时,如生泡子姜、胡萝卜。"如今饭馆的泡菜大多属此类。新繁的泡菜,工艺独特,做工讲究,在配料、出坯、盐水管理、装坛方法、香料使用、贮存时间以及盐发生变化时的急诊救治等等方面,经过长期实验,反复研究,形成独特的妙品,色鲜、味纯、辣椒不走籽、泡坛不喝风,可保存,又方便,既廉且美,是民间文化的一种美味。阳友鹤说:"王朝闻这位美学大师说:'食是味觉艺术',如今搞花架子、走形式主义就离题了。"

流沙河为"市美轩"题壁

诗人流沙河应成都华兴正街名川菜馆市美轩主人文瑄之请,前不久在饭馆门前玻璃屏风内,用他那一手清秀工整、极富韵致的正楷法书,写了24句近古风,表面平淡却含蕴深厚的诗句,引来了轰动效应,这里全诗照抄如下:

民以食为天　食以民为铨

百姓所称赞　物美且价廉

白肉拌斋蒜　腰花炒猪肝

落座便可啖　爽口即为鲜

鸡丁说宫保　豆腐话淮南

锅巴烩肉片　炸响满堂欢

嗟彼千金宴　凤牝配龙鞭

宴毕犹未饱　花些冤枉钱

惟食可忘忧　惟肉可延年

能吃你不吃　齿落吃铲铲

我来市美轩　青春想从前

幸哉胃口好　饕餮喜有缘

市美轩题壁

乙亥腊月　流沙河

这诗虽然如杜甫说的“风骚共推激”，但个别字句在此仍要加以说明。沙河大作招张于成都市繁华中心，像我等水平不高之人，仍有浅出之必要。如第二句“食以民为铨”的“铨”字，《汉书·王莽传·中》便有“考量以铨”之句，那就是衡量轻重的意思。话说回来，如今进馆子去吃，各人都有个打米碗，先摸摸自己的腰包，饱满否？囊中羞涩否？再便是要看它是否“物美且价廉”。

“白肉拌齑蒜”是指“市美轩”继承了过去“竹林小餐”的名菜“蒜泥白肉”，电影艺术家谢添就最喜欢此菜，一到成都必先要点上这一道菜。“齿落吃铲铲”即成都人常戏说的“吃个铲铲”，或言卖完了吃不到，走了空路，去吃个铲铲。这句话用在此处文雅并出，既通俗风趣，又有成都人口语中常蹦出来的那么一种幽默，林琴南就曾说过：“能使旁人解颐（开颜笑）”，“能于严冷中见风趣者，尤不易及”。

沙河先生，好像你的牙齿已在脱落了，所幸你的“胃口好”，能吃你就放开肚皮去吃吧！不要等到将来“吃铲铲”时才老大徒伤悲耳！

要知“市美轩”经理文瑄是怎么请到流沙河题诗的——这又

与饮食文化有关啦！文瑄的老辈子们如文寿乔先生就与张宣（羊角）、康乃尔、程大千等在30年代初办过文艺刊物《春天》；而那时知识界有名的四川大学"黑白二将"之一的国文老师文百川也是他们文家一脉。因此文瑄自幼便受到长辈们的影响，许多年前他加入了工人老大哥的行列，并在烹饪上狠下工夫，他还曾远及海外献艺。前年，著名美籍女作家陈若曦来蓉就慕名专访过"市美轩"，还与之合过影。还得补上一句，"市美轩"招牌上那三个字还是成都有名的秦篆书法家李颂华先生写的呢！再说明一点儿：饮食与文化相结合，脍炙人口，何乐而不为呢？

陈若曦吃"市美轩"

陈若曦夏天来成都住了半个月,她说:"令人回味无穷便是看川剧、吃川菜。有幸欣赏到市川剧三团演出三折戏,小生筱艇、孙涌波、花旦陈巧茹和青衣刘萍等人的精彩表演,简直让人入了迷。"

泡茶、听曲、看戏之余,她提出要品尝地道的川菜。我说:"不难,就在对门市美轩川菜馆,它的经理文瑄欢迎您去品尝。"

她说:"他知道我吗?"

其实文瑄不单知道陈若曦,还读过她的作品。知青回来后入市烹饪学校,毕业后派往国外工作,业余爱好阅读文艺作品。我向陈若曦介绍后,我们便到市美轩餐厅。

文瑄对于这一席的安排也亮了几手:先上凉拌笋丝折耳根、蒜泥白肉、香油糖醋黄瓜,最使陈若曦丈夫段世尧赞美的是凉拌毛肚,他们夫妇来成都吃过毛肚火锅,两相比较,变热为凉,说明川菜川味的多样化。

上熘鸭肝时,我说这是工夫菜,全在火候,这味道同荣乐园不相上下。段世尧说："纽约也有荣乐园，我们在美国住在加州，没法吃到，今天到成都补上了，算有口福。"话犹未了，来了一份八宝锅蒸，这本是东北满族人的菜，他们的做法是在炒面加油时下了工夫，炒翻沙，吃进嘴里，沙沙作响，甜味中出酥脆，加上内江蜜饯的瓜砖、樱桃、橘红、瓜瓢等，口感舒服，既甜且烫，是最受欢迎的一道好菜。陈若曦不断进攻，段世尧妇唱夫随，不一会儿，一份八宝锅蒸便被彻底干净地消灭了。

　　文瑄知道海外客人忌重油，喜淡味，避麻辣，最后上素烩汤吃饭。陈若曦举杯道谢，段世尧说："在成都吃到这样美好而鲜味的菜，真真实实是市美轩了。"

名人荟萃东坡宴

9月13日,北京东坡餐厅主人张达设宴,为黄宗英、冯亦代一对老而新的夫妻祝贺。宗英穿着朴素,略施脂粉,一颦一笑间,流露出她的风采。我说她很美,她答:"化了妆的。"冯亦代这位翻译家,与之并坐,有妇唱夫随的味儿。他说:"最近有位青年多次来电话,说要会黄宗英,要看《赵丹传》。我一听就不舒服,谁不知道黄宗英是我的夫人?"话的潜台词含蕴其中了。

来宾分坐两桌,有漫画老搭档方成与钟灵,漫画单干户丁聪,理所当然的大舅子黄宗江。宗江笑口常开,妙语连珠。他对我说:"九月要同孙道临来成都,出版社为他出书,我写的序。到时要踵府拜访,有言在先,要领我们去吃一台。"答:"小吃大吃,奉陪到底。"

周而复姗姗来迟,一来就与凌子风谈起书法来。这一夜把空气搞得最活跃,是凌子风这位大导演同他夫人郭兰芳,带了广东省电视台一组人马,一来就架灯光、燃照明,话筒对准在场名人名家,重点还是放在黄宗英。

座中除方成外，都来过东坡餐厅，吃过有名的东坡肘子、双喜、锅巴肉片以及凉拌冷碟等。丁聪说他同叶浅予是常客，离他们住地近；老舍之子舒乙的现代文学馆离东坡餐厅更近，都喜好川菜。方成今夜来第一次，也赞不绝口。他在抗日战争中就来过四川，在五通桥住了几年，对川味别有情怀。丁聪与吴祖光那时也在成都，住五世同堂街《华西晚报》社，同陈白尘、李天济、刘沧浪等，常在街上去端冷淡杯吃筋斗酒。生活虽穷，却过得自在。今天在北京图书馆东坡餐厅，设备讲究，川味十足，来过四川的文化人，等于又回了一趟四川。

我作为半个主人，从四川抱来两瓶泸州老窖大曲。钟灵这个有名酒仙，虽然三次因酒断肘伤腿，可一见到四川的泸州老窖，有如饥鹰扑食；老报人张西洛碰上两杯就自动败北了。冯亦代举杯意思意思，其实他在送我那本《湾流集》中《喝酒的故事》一文谈："我少时喜喝酒，但又不会喝酒。"以后写他饮了又醉，醉了又饮，从香港吃到重庆、旧金山、上海、多伦多。1982年他第二次小中风，落个左腿不灵的后遗症，"这也是半生好酒所致"，他自嘲道。这次下定决心少饮，有一个新的因素，是有贤淑而温柔的夫人黄宗英随侍在侧，冯公很自觉。

"东坡"宴饮黄宗英

1994年9月13日晚6时,北京东坡餐厅主人张达,以东坡菜构成的东坡宴宴请著名的电影演员、作家黄宗英及翻译家、老作家冯亦代夫妇。一贺他们黄昏恋中喜结良缘,二贺黄宗英婚后即入藏从事电影工作,由于辛劳及气候影响,突患病入院,不久前康复回家。趁此月近中秋,邀请京中文艺界友人在"已凉天气未凉时"举杯为庆。宗英一身素打扮,白发银霜,年近七旬仍风姿绰约,我在她耳边说:"你仍然很美!"她说:"化了妆的。"其实她并未化妆,她素打扮更能显出"风流别样是一家"。冯亦代身穿黄色时装短衫,书生一表,风流偶傥。在一举一动中,这位年事稍长的冯"二哥"对宗英小妹,关怀备至。而宗英亦以师、友、爱三结合报之。大忙人、大舅子黄宗江正忙于拍电影《丰子恺》,忙于随作家代表团去越南,忙于去成都为孙道临签名售书(他写的书序,后来因事未成行)。他谈笑自若,满座生春。漫画家丁聪、漫画界老搭档方成与钟灵、老作家周而复、老报人张西洛及其夫人何惠一,"拼命三郎"凌子风与剧作家韩兰芳等也在座。席分两桌,欢宴一堂,其间凌子风大师引来广东电视台十佳电视节目主持人侯玉婷、文艺编导谭伟雄一干人等,现场拍摄纪录访问。于是便有人说广东电视台来北京抢了中央电视台的镜头,杀法厉害!

在众多的艺术家中,要说吃,他们几乎都见过中外吃的大小场面,可谓多而广矣!何况又聚居于京城之中,从五大洲菜肴吃到八大菜系。黄宗江说他除四条腿的板凳不吃外,余皆吃之。当年他在马来半岛地区曾经吃过大象以及热带爬虫类。方成这是第一次到东坡餐厅,他在二次大战中去过四川,住过川南五通桥,当时他在黄海化学公司任职,那时"前方吃紧,后方紧吃",对于川味,这位广东人也染上了麻辣瘾,承认"食在广州,味在四川"。山东大汉画家钟灵,为了酒三折其骨,三次入院医治,可"衣带渐宽人不悔",只要有酒,照吃不误。那夜见到笔者从成都抱来两瓶十年以上的泸州老窖大曲,犹如饥鹰扑食一般。他夫人来前曾再三告诫不要吃酒,可是,"将在外,君命有所不受"。至于老"暴"(报)徒张西洛,虽有太君在侧严密监视,但他也不怕当"监视户",开怀畅饮起来。黄宗英不吃酒,冯亦代妇唱夫随,很能自觉。他之于酒屡饮屡戒,屡戒屡开(见他的著作《湾流集》)。自从发现腿出了毛病后,便转入较为可靠的自觉地步。目前,他俩酒杯中只斟入饮料,意思意思而已。他俩佳人才子,举杯也似文人画的淡淡春山,或如倪云林几笔涂抹。韩兰芳以笑代饮,凌子风雷声大而雨点小,看脸色于夫人,亦步亦趋。这一席文人之宴,却包含了《酒鉴》中叙述的品位,饮食文化中反映出饮者之情趣与那个调调儿。

这一席饮宴中除方成外,多是东坡餐厅的座上常客。丁聪、叶浅予、舒乙住在紫竹院一带,故常去。今天东坡餐厅在北京图书馆内北口进去,几弯几转,又无明显标志。北进口有岗卫,情况显得有些异样,尽管门上有丁聪写的匾额,进到里面总是北京图书馆的范围,并无餐饮迹象,就算找到"东坡",也确实感到虽然酒好,巷子却太深了一点! 要在这样偏僻的地方营业,生存下去,确确乎太难了!

东坡餐厅最初是在中关村科学城范围内开始营业的,以价廉物美之川菜打开局面。生意好,容易使某些人得红眼病,逼之搬走,张达诉诸法律,在有道理没天理的情况下,算是让他得了一些补偿,暂时请"东坡"在西直门小住,一面八方寻找地方,并得同情张达坎坷遭遇的人士支持,终于在紫竹院公园内,风景优美之一隅,开业了东坡餐厅。黄苗子书其额,启功、柳倩题字,文人名士多往照顾,特别是四川人,"那就等于回娘家啰!"(谢添语)正当一帆风顺之时,好景不长,又被以种种原因要其搬出紫竹院。得解放军之助,以三天时间,全部干净彻底地搬进了北京图书馆内,以焕然一新姿态出现,即堂而皇之举行了"北京图书馆北京东坡餐厅合作开业庆祝开业典礼"。今年 6 月开业,令人担心的是这三弯九倒拐幽静的文化殿堂之旁,哪能及紫竹院游人如织的地方? 张达坎坷半世,迭次累及"东坡",真是吃得补药,吃不得泻药了。人问:"为啥取名'东坡餐厅',东坡不是一生都倒霉么?"答曰:"张达正仰东坡之旷达,随缘自适,其他非所计也。"

这次来京，为商量请黄宗英、冯亦代及文艺友人事，我曾问张达生意何如？他说："酒好哪怕巷子深。"从他脸上的笑容，我已看出了他的生财之道：以质量第一取胜。

东坡餐厅在北京只能算中等档次，菜价不高而实惠，确是地地道道的川味，有些菜还带有他们家乡眉山的乡土味，如东坡肘子，带点酸辣姜汁味，但又不是川西坝子上的姜汁热窝肘子的味道，却又与酱烧、稀卤等味适当地调和起来。不管怎样，他这一样以"东坡"命名的适口好菜，在北京城确实打响了。去年请快90岁的老画家胡絜青及舒济（老舍大女）去第一次尝试，认为火功到家，虽微见红而不辣，似乎还有点姜汁的复合味。叶浅予虽不吃辣，但对东坡餐厅之饮宴，却每请必至。至于吃川味上瘾的谢添、丁聪等，则常为座上之宾。魏传统题："北京图书馆誉满全球，四川饮食文化誉满全球。"该厅自6月开业以来，与文人广结善缘，营业额稳步上升。张达还主张"吃不完兜着走"，且为食客备有饭盒、塑料袋。北京人有这一良好习惯，值得提倡。方成说："我是一贯主张吃不完兜着走的。"至于钟灵这位山东大肚，一切早已包容于福肚中，因此囊括一切，不兜自兜矣。

今年是苏东坡诞辰957周年，张达许愿待到东坡960年诞辰时，东坡餐厅将恭请北京文化界、文艺界人士前来大大庆祝一番。

从李济生谈成都小吃说开去

"读到你的大作《鬼饮食》(指1994年第4期《四川烹饪》载车辐写的《说说成都的"鬼饮食"》),颇引起我的一点感想,如有空我或可写一短文,但现在还难说。成都小吃确有特色,下里巴人,大众并不粗糙,在制作上颇有讲究。我对此素来赞赏,甚是价廉物美,十分可口。夜晚提篮叫卖,仅限于某几条街,而人人乐食,盖有其特殊风味,不一定大馆子才有,说不定大馆子还做不出。冬天的羊杂碎汤就很有道理。牛油茶、豆腐脑、酥脆的馓子,真令人垂涎。"

这是上海文艺出版社老编辑李济生最近给笔者的来信,他对成都"鬼饮食"概括得很好:做得细致而又讲究,有地方特色,价廉物美,下里巴人之作,大馆子不一定做得出来。济生是成都人,家在北门正通顺桥街(双眼井),他们那条街的小吃也很有名气,如白云寺的担担甜水面,就是在担子前面一块不到两尺见方的木板上揉面、擀面,铺开擀好的面,用擀面棒卷起匀称厚薄的面张,左手捏着卷着面张的擀面棒,向左方移动,右手拿切面小刀,从面张由上而下,切成极其匀称的长面条。够一碗分量,倒入担子后面的铁锅中。讲究点的食客,总是耐心地等到卖甜水面的揉面开切下锅的时候,吃个热落、吃个鲜味。那时的甜水面,放入红酱油、熟油辣子、香油芝麻酱、花椒面。就是这几样简简单单作料,使得刚从铁锅煮好的甜水面,烫、辣、鲜、美,面条如筷子那样细而匀称(今天市面上已恢复的甜水面,就没有哪一家做到了这匀称二字),入口的"特殊味"就出来了。做法如此简单,当时我们住在城南的人,也要跑到北门白云寺去专等那个担担甜水面下锅,其艺术魅力之大,事过五六十年,至今仍念念不忘。人说音乐最能唤起人的回忆,美食呢?只有在回忆中去长相思了。

当时成都四门都有挑担子卖甜水面的,比较之下,做得细致、考究点的,还是要算北门白云寺。你随时去吃都是一个样。

听李济生说过,巴金从前在成都要吃素面,我没有进一步问,吃白云寺的甜水面否?抗日战争初期,作家萧军来成都,他这位东北人都把成都甜水面吃上瘾了。萧军有他的独特看法,他说:"你们的甜水面我不大理解,你们在面中加红酱油都是甜味,这在我吃过全国的面食中,也是少见的。甜味中加上辣椒,这就更加奇特了,但是吃进口里,却很受吃,好吃,有回味,别的地方没有这样的做法。"想不到54年后萧军于1986年11月来成都,当时省作协请他座谈,临到开会时间他还未来,原来他在一家面店吃了三碗甜水面,每碗以二两计,也足有半斤之多。快到80岁的萧军老人见面如见故人好友,倘不是成都的甜水面有特点,能使长城以外的人在 54 年后,偿还了心愿,过屠门而大嚼吗?

萧军吃的是"解放牌"的甜水面,这与解放前的比较,就有个粗放与细作、匀称与凌乱之分,要与白云寺的甜水面比,那就更是相去远矣!倒不是过去走街过巷挑担担面的卖法与今天在铺子里面的经营方式不同,问题在做法、调料上。如切面,而今已变切得匀称为极不匀称,随意粗细,或如豇豆,格里结疤,又怎能得入口时的快感呢?切法不讲究的例子太多!以京酱肉丝、鱼香肉丝以及其他肉丝为例,现在有些厨师,不是认认真真切成丝子,而是随意切成肉条子,肉丝与肉条,大异其趣。"蚂蚁上树"这道菜的"蚂蚁",是把牛肉宰碎成苍蝇头大小,才能炸成又酥又脆的"蚂蚁",也才能上树粘连在水粉上,这样菜在过去华兴正街的荣盛饭店、城守东大街的李玉兴、走马街的乡村几家红锅饭馆,就做得十拿九稳,大受欢迎,于今思之而不可得。今天蚂蚁上树的"蚂蚁"早已变成肉丁肉块,与从前真有天上地下之分。既然要讲究吃食,发扬祖国烹饪传统的优秀文化,那就得规规矩矩、老老实实做起,前人能做到,并做得那样美好,我们怎么不行?今天我们又在大力提倡弘扬传统,办了从初级到高级的专科学校,为什么有时要走样?走得很远?人乎?制度乎?某种倾向等等,令人深思!名小吃在恢复中,这是可喜的一面,至少比没有好。现在饮食行业不是天天在叫喊提高质量,精益求精吗?我看要做的事还有很多!

沈醉说吃

沈醉说:全国政协经常有外出活动,每到一地,都有应酬。要说吃,对于自己的胃口若不严加管束,那就不堪设想了。他对于中外佳肴及南北美味,不论再好吃,也只能吃他个八九分,决不过饱,这是铁定的一条!

解放前他曾多次到过成都,吃过黄敬临老先生的"姑姑筵"。他说:吃姑姑筵要提前几天去预定席桌,先给黄老先生下封请帖,吃席那天席上还要给黄老先生留一个座位,不管他到不到场,这个礼节都是少不了的。这不成文的"规矩",是食客们对他的尊敬,资格地位到那儿了。

他对重庆毛肚火锅赞不绝口,对于麻辣烫满不在乎。他是湖南人,他说湖南人吃辣椒不亚于四川人。重庆毛肚火锅以粗线条出现,带有山城之雄伟气势,很有"性格"。当谈到成都的毛肚火锅,他则认为其在刀法处理上以细腻精当见长,如在片牛羊肉时,大小厚薄都匀称得体,葱和蒜苗都恰好切在青白相连处,且只有一寸多长,不过限。

他说，湖南人除嗜辣外，也还爱吃臭豆腐，这东西闻起来臭，吃起来很香。长沙的，浏阳的，都令人垂涎欲滴。

他引我到他的厨房去看了看他的炊爨用具，其中有的还是西餐上用的，信手拿来，方便得用。他说："我见过不少中外名师名厨，看他们做了拿手名菜，我也虚心向他们学习。但是一谈到掌握火候，就不是那么一回事了。比如爆炒，我也试过几十次，都还不能说有把握。可见任何事情，只有在不断实践中才能学到一些东西，当然愈是不走弯路愈好。治大国若烹小鲜，它使我懂得这句话的真正涵义。"

他在解放前吃西餐，见过一些大场面，一次几百桌的席也见过。但是真正说到吃，还是以二三好友，到家里自己做得心应手的菜吃起来舒服。做对头了，朋友吃起对口味，自己也感到十分高兴。烹调饮食之乐，首先在于掌握技术，灶头上的拳头技术。也常常有做坏了的时候，做坏了自己吃也是一乐。英国首相撒切尔夫人日理万机，回到家时，仍要下厨弄菜。这是为什么？他说："我看是她懂得生活，忙里偷闲，利用下厨做菜去调节过于紧张的生活。倘若是做出了可口的好菜，相信会增加她生命的活力，相应地也增加了铁娘子的铁拳头。"他在厨房里拿起锅铲让我拍照时说："自己动手，其味无穷。"他带着湖南口音说话时声音洪亮，也很乐观，不像 77 岁的老人。

他说高明的厨师做菜都有诀窍绝招，"百菜百味"各有一手，好比我们耍枪的，要练就百发百中。

"你现在还能百发百中？"

"也差不远矣,现在还能够打他个八九不离十。不过,市面上打的那种游戏枪,你不能瞄准打准心,你愈瞄得准,愈是打不中。那种枪的准头都做得不准,要是准了,他还吃啥? 人家靠此为生呀。可是我能打中。"

"你凭什么?"

"我凭手风,拿起就打。"从有关他的记载中,也写有他能打双枪,左右逢源。从他自己的著述中也可看出,他在耍枪搞炮方面,是幼儿学,有坚实的基本功,能百发百中,百步穿杨。他说尽管他打枪的本事再好,对于烹调之术,仍得向高明的厨师求教。

他说一切美好的吃食中,还是要数自己妈妈做的最好吃,从小吃到大,从大吃到老,越吃越好吃。一年中有一天他要吃素,纪念他母亲生日。他是个孝子,他认为孝是人之根本,只要不是愚忠愚孝就行了。

谈到一个人的一生,花在吃的方面精力、金钱、时间是很多的。如果不得法,不自我控制,美食往往得恶果,何况病从口入,还得讲卫生。他特强调学做点菜,对老年人是最好的运动,这有益于身心。万一家里人有事都出去了,你也不会无所适从地肚子挨饿,你可以打开煤气,做你自己爱吃的菜。

他认为川菜同其他菜系各为不同的系统,各有其特殊做法,特殊风格。川菜中不见得就是麻辣烫。它的汤也是很讲究的,与其他各地方菜系的汤是各有所长,各尽其妙,一点也不含糊。四川有种苦笋汤,苦味入汤而鲜,汤因苦而厚,两种味道交融,产生一种苦鲜的回味。这种汤岂仅入口生香,可谓入口提神,很有地方特色,当然这是本味,原味。我向他介绍说:四川高明的厨师弄汤,都注重本味,突出一个鲜字。但此决不在于多加味精,行业中人称不善做汤的为"味精厨师"。高明的厨师在汤的做法上,以及汤炉的布局、位子上都很讲究,头吊子的汤往往由站头炉的当家厨师专管,其他人不得动用。过去荣乐园、玉珍园(厨房汤炉,设有固定位置,由专职师傅担任,十分讲究,蓝光鉴老先生特为之夸赞)在这方面的规矩是很严的。重庆西大公司中餐部当家厨师孟根掌瓢,他的那头吊子汤你绝对动不得,动了谨防挨汤瓢。

　　话没说完,已超过他规定会客时间 15 分钟了。他要到全国政协去出席会议。临别他说:有机会要去四川的,去了川味是定要品尝的。美酒成都堪送老,忘记不了啊!

柳倩之"吃"

柳倩,四川荣县人。抗日战争中期,他曾在重庆"中华文艺界抗敌协会总会"的领导下,从事抗敌救亡工作。当然,他那时是以笔杆为武器,以他写的诗歌去鼓舞人民的斗志,激励人们起来抗击日本侵略者。

新中国成立以后,柳倩主攻书法,在书法艺术上造诣颇深。如今,他的书法作品已远及海外。

这里说柳老,是要说说柳老除书法写诗之外的"吃"。

柳老平时在家喜欢自己下厨,他说这是为经常弄点自己喜欢的可口家常菜。前些年他还在东单王府井东头住家时,就经常邀朋友来家饮于阁楼中,自然他请客时总是由他亲自掌勺去"调和鼎鼐"。记得我每次在京小住时,都会受柳老之邀前往聚会,同时被邀的还有几位居住在北京的四川老乡。这些人中有曾做过阳翰老秘书的眉山人陈樾山,有当年旅外剧团的发起人王少燕,还有研究《聊斋》的专家劳洪和老记者黄是云、黄实等。有一次,我们这一帮四川同乡自动集合于柳倩乡兄的家中。柳老一见我们去了,十分高兴,同以往一样,他马上便去安排饮食,屋内屋外忙个不停。到了吃饭时,我们几位客人自然是欣然上桌,酒足饭饱了。

柳老出川多年,故他的家常味川菜在做法上多少有了些变化,不过我们见他在灶头上挥洒自如时的确又是"万变不离其宗"。他在为我们做菜时可谓一手包干,从买菜、洗切、下锅、投放调料,到最后端上桌子,他都不要别人插手。他似乎对饮食烹饪兴趣很高,且坚持要自己单独干。这大概与他一生作诗写字都在追求艺术上的完美性有关。柳老写诗习书法都有他自己的风格,人们不是常说"风格即人"吗?柳老下厨房时也岂容他人介入!

这里我们从柳老做芹菜肉丝这道菜来看:柳老的做法与他擅长的行草书法一样,下笔流畅,有他自己的一套。他买回的北京产芹菜是那种青色的,先撕去筋皮,只取其"嫩肉"部分,再切成一寸多长的段,放点盐腌渍一下,随后便装碗加入香油凉拌。这个菜虽显得加工不多,却做到了使原料保嫩保鲜。像他的这类家常菜与地道的四川菜已不大相同,这大概是因他出川已久,见多识广,平时在外面品味时善于比较和吸收,故他的菜做法上都显得少油、味淡,有的菜只是象征性的带点辣味。虽说柳老家乡荣县、威远、自贡一带所产海椒是出了名的,特别是新店子那地方产的朝天椒可以辣得人耳鸣目眩。但久居北京的柳老似乎久疏辣味,逐渐改变了口味习惯,做菜时放少量辣椒,一般只是为取其略略带红的色彩。如宫保鸡丁、炝莲白、炝黄瓜等,都只放一丁点儿干辣椒入红锅中"炝"过煳辣味。柳老对我讲过,放辣椒有个意思就行了。他认为"川味正宗"这个提法等于诗里的诗眼、文章的主脑,地方菜若去掉了地方特点,那就不成其为地方菜了。

柳老还指出:我们川菜除麻辣味之外,还可用其他调味法调出多种复合味。比如乐山的怪味鸡(过去当地人叫它爨味鸡),调味时即是在一般咸味的基础上,加入红油、花椒面,再加放白糖等。照说这样的调料相配,最初感觉有些不伦不类,然若从艺术角度上说,那算是破格,是变法,是一种创造。问题不在于方法之变异,而在客观效果上,即是说只要吃的人认可便行。不过,大胆创新也不能离开四川人的"胃口基调"。川人在麻辣红重的调味中,应当变不调和为调和,那样做出的菜才受吃,也才能真正刺激起人的食欲,让人见了非吃不可。40年代乐山公园门口"周鸡肉"售卖的怪味鸡可以说很有名声了,它不但为本地人所青睐,而且还征服了抗战时迁来大后方的外省人及武汉大学师生。再追溯到30年代,王灵官那条街的小摊上有一家卖怪味鸡的,那才是开山祖呢!他的"门生"后来还到成都青石桥中街开了一家嘉定怪味鸡店,就是这家小店当年曾轰动了成都。这里售卖的怪味鸡,首先为老号名馆"荣乐园"的二老板蓝光荣所发现,于是"蓝老二"便经常去吃,目的自然是为偷经学艺。当"蓝老二"学到此怪味鸡的全部制作过程后,很快便带回"荣乐园"推到筵席上,不过蓝老二还加放了麻味豆豉。从此,"荣乐园"的怪味鸡便一鸣惊人。记得那时常去品味的名家中有书法家林山腴等。林先生本来不喜吃辣，但他闻香后也不禁破例品尝，吃后自然是赞美有加。另外，当时的资中画家林君墨、赵尧生，乃至"油大主席"陈益廷等均认为这里的嘉定怪味鸡实在是了不起的"怪"，怪得有理有味……

话听至此，我们客人中的王少燕发了话："听柳公一席话，胜读十年书哟！我等在北京，曾多次承柳老赏饭，可还没机会吃到您上面讲的那道怪味鸡，遗憾哟！"

如今柳老年岁已高，走路也不大灵便，出入均由他的女儿陪伴照顾。笔者每次去北京路过柳老住的月坛北街那一段古老街道时，都会不由忆起几年前柳老请我去他家吃饭时的情景。那次我们吃了以香椿为主的小凉拌菜，还吃了炒蛋、拌白凉粉之类，柳老事先虽对我们讲，他这次全是按北京人的家常做法搞的菜，应该是地道的北京味道，但我们几个四川老乡吃后却不以为然，感觉仍像是川味。我当时心想，或许是柳老心中仍怀有一份四川乡情吧。

其实，柳老做的菜自有他的个性，犹如其书法，风格个性都十分鲜明。一次我旁观了他做火爆兔丁一菜。他在烧红的铁锅上泼了一点儿四川大曲酒，一时锅内火焰滚动，锅壁燃烧。只见柳老在锅内挥舞瓢勺，有如张旭狂草一般，待我定睛再看时，锅里烈焰已经熄灭，一碗加放郫县豆瓣做出来的兔丁已出锅上了桌。闻香顿感口中垂涎。当我们一帮人忙着分享时，柳老则静坐一旁看着，脸上挂着一种心满意足的神情。事后我才听说，炒爆菜肴时喷洒白酒在台湾很时兴。然而柳老他并未全按台湾做法，只是适度喷洒了点白酒。柳老认为，泼酒过多会喧宾夺主，甚至有可能改变郫县豆瓣的味道。所以，我感觉柳老做菜很强调掌握分寸和轻重。正因为他做菜时在方法上、火候上都有讲究，所以柳倩做出的家常菜让我这个所谓的"老饕"也服了！

从冒舒湮谈吃想到的

冒舒湮,由友人王少燕(四川永川人)一纸介绍,我在成都相见而识的。当然这已是许多年前的事了。

冒舒湮乃江苏如皋人,上世纪 30 年代的电影戏剧评论家,中华电影抗敌协会第一届理事,《抗战三日刊》特约记者。当年他曾访问过延安及西北战场,采访过毛泽东、朱德,著有《万里烽火》一书。著名电影演员许幸之曾说过:"在我从事电影艺术刚学步的时候,舒湮同志已是电影评论的权威人士了。"解放后,冒舒湮曾被选为全国第四次文代会的特邀代表,作品有《精忠报国》、《董小宛》等。

舒湮多才多艺,家学渊源。其先人乃明末"四公子"之一的如皋有名才子冒辟疆(冒襄)。据传,冒辟疆当年曾宴请当时的文人名士于水绘园,共耗羊羔百只,此事名噪一时,远播江南。从冒家传下来的吃,真是"陈馈八簋,味列九鼎"。冒舒湮幼承家教得其吃,加上他本人的经历,也见过一些豪华饮宴的大场面,所以对吃他有自己的见解,并有著作散见于各地报刊。

冒舒湮因病早已在家静养,他与何海霞和青年作家陈开第等同居于京西双榆树。他对今天乱打"清宫御膳"、"孔府家宴"等招牌,有着自己的看法。他曾写道:"算来清代老佛爷驾返瑶池已多年了,当时为她老人家做御厨的、二把刀的下手乃至挑水洗菜的,到现在已有百年开外,早已不在人间,即使他们的子孙辈,恐怕也没有见过160个碟儿、碗儿、盘儿的。打着千年的招牌,也只好由他们去想当然了。"读完这一段文字,让我想到了川菜历史上的黄晋临老人,现在有人硬是要把他说成"御厨"。历史上苏东坡的名气就很大,而今有人便挖掘出了"东坡菜"系列。我想,你就是把彭祖请出来,也当不了宋版的《康熙字典》。难怪舒湮先生会说:"如果要越老越好,弄一台北京周口店猿人餐厅的猿人宴,你去吃吗?"

　　冒舒湮还给我们摆了这样一个"龙门阵":"我这个人很寒碜,一辈子没吃过国宴,更没福气品尝钓鱼台养源斋国家级特级厨师的佳肴。有一次我去南京,在'马祥光'点叫他们拿手的美人肝(鸭胰)和凤尾肝,入口却不是原来的滋味,一问方知他的一二把手都应召上北京去了,这正合北京近年来恢复老字号饭庄的趋势。庙虽说是这座庙,但已经不是原来的菩萨了。"由于现在市场流行这种"时尚",影响所及,许多地方的餐饮企业各取所需,当然就乱打起招牌来了。在北京,我去吃过一家打着"正宗川菜"旗号的餐馆,叫了一份回锅肉,上来的竟然是用小方块肉炒出的"回锅肉",真叫人啼笑皆非!

　　对有名的谭家菜,冒舒湮说:"谭家菜由清末民初官僚谭宗浚父子创始,儿子谭琢青在宣统年间进京时,携来两位擅长烹调的姨太太,后来三姨太赵荔凤女士成了谭家菜的真正主持。谭家菜是以烧裙边(翅)、烧鲍鱼出名的,当时一席就合一两金子。以后谭家菜实际已名存实亡。我没有赶上,也吃不起。"

舒湮先生说,他早年见过做得较好的官府菜。奉系北京市长周大文好吃,不惜以市长之尊,下厨和做菜的师傅交朋友,以请教名菜做法。人家看他放下架子,便把真本领教给他。解放后,周大文开了一家小饭馆,亲自掌勺。那时周家的清蒸鱼最脍炙人口,吸引了不少的顾客。每当周做好一款菜,都要一一征求意见,态度十分谦和,模样怪有趣。一次,我父亲的诗友在煤市街周家会聚,消息传到陈毅耳中,陈佯作质问口吻问我父亲:"你老吃好菜,咋个不请我作陪? 我和周大文是同行,我这个上海市长倒要尝尝他北京市长的菜,向他学手艺。成都有名的姑姑筵,也同样是上好的家常菜,想必都不存在了。"

的确是,"姑姑筵"不存在了。现在连川菜有名的"荣乐园"也弄得不见了,车耀先烈士为革命开设的"努力餐",东变西变,也变得面目全非,连他的家属也搞不清楚了。事情在变化中,但有时候有些事情却也到了说不清、道不明的地步!

冒老说过:吃这一行,也像过去有人选诗,老是以官阶高低排序,有如《全唐诗》之以太宗皇帝为卷首。有的人固然有钱有势,吃啥有啥,但却未必真正懂得吃,商家无非是拿他们作招牌,以达到招揽客人的目的而已。

现在的电视上居然出现了这样的"清客",这些人说穿了无非是帮忙与帮闲的"嘴壳子"。他们中居然有人在荧屏上说"川菜不及粤菜大气、豪华",摆出的是一副"无知者无畏"的酷相,为大腕主子卖些"吹功"。只知道吃"霸气",至于吃的艺术乃味觉艺术,他就一概不知了。这大概就是"新潮"吧!

这里,我想起了冒舒湮先生的一些见解,这些话足以发人深省:我们还要活下去,很好地活下去,吃的基本意义在于味,任你说得莲花现,也只能是白搭。

吴茂华善烹粉蒸牛肉

去年第 5 期的《四川烹饪》首篇即载出了吴茂华的文章《粗茶淡饭布衣家》。文中吴女士叙述了她同她的先生流沙河游历北京等地,遍尝北方各大城市的名菜,可是他们"还是禁不住要想起家里的红苕稀饭下泡菜,以及豆瓣鱼、回锅肉、炝青菜……"她又写道:"物质营养与精神食粮都要又杂又多才好,二者本无矛盾,然而我家先生只重后者而忽视前者,他早餐食玉米羹拌芝麻酱,粗粮细吃有道理,中晚两餐又素简有余,面对桌上的荤腥基本上视而不见,下箸处多是蔬菜、红油拌泡菜之类。……独有一样荤菜,就是蒸牛肉,为我俩同好。"且看她如何做法?"我用上等黄牛肉,找准其肌理纹路,横切成粗条,然后用家制豆瓣酱、米粉子及少量的糖、醋、酱油拌和均匀,上笼蒸两小时即成。上桌前再撒花椒面,放蒜泥、香菜。其咸鲜香辣麻、松软炣和,比起成都的名小吃治德号蒸牛肉,滋味有过之而无不及。"这里要牵扯到家常菜与成都名小吃的做法问题了。

家常菜,做法细致,从选料到刀法、配料、下锅、火候等都很讲究,真正做到了食不厌精。这里面包含着一个决定性因素:即家常菜,全凭制作者的兴趣、口味,不受时间限制,运用其食文化的内涵,别出心裁,带有创造性劳动(即林语堂所说"在食品问题上,运用逻辑推理是行不通的。吃什么,不吃什么,完全取决于人们的偏见")。这里吴茂华把它发挥了,她说:"正是这样,江山可改,本性难移,惟口味不易变。民族习性,一定包括了食文化在里面。所谓口有同嗜焉,不过是偏见的一致罢了。"

成都名小吃中有少城长顺街的治德号蒸牛肉、铁路公司三倒拐的小笼蒸牛肉,那都是很有名的。但在做法上、选料上就有不同了,虽然这两家牛肉馆都用的是黄牛肉,但有时也搭一些水牛肉,在冬天还用灌县山里来的牦牛肉(这牦牛肉最香,不过进货要受季节限制)。小吃店以上货为准,上什么卖什么,做法上较粗糙,牛肉切得块子较大,为了省时间,也就顾不了"肌理纹路"了。蒸牛肉的粉子,用的是推细了的炒米,远不及家户人家制作时还掺杂有炒过的玉米粉。总之,那时的牛肉小吃比较粗放。自上个世纪30年代起,我们就常去吃治德号,特别是抗战期间来川的那一批话剧电影演员,初见小笼蒸牛肉时都感到奇异、新鲜,入口也感味道好吃,惟须少放花椒面、辣子面而已。几十年后,吴雪、陈戈、戴碧湘等回到成都时,都要安排去治德号大嚼一台。抗战时期《大公报》名记者张篷舟(笔名杨纪),曾经为治德号题字宣传。记得那时他以海派记者的派头,出现于九里三的成都,还带有一条棕色洋狗,每吃治德号时总会另叫两笼蒸牛肉喂洋狗。

吴茂华用的作料中有"醋",我特别注意到了这个"醋"字,并为之请教。她说:"放醋起个调和中蒸发的作用。只是加了几滴而已。"(我想如用绍酒代醋,再加一点胡椒,当更能生异彩。)

吴茂华对她"御驾亲蒸"的蒸牛肉有一句话:"比起成都的名小吃治德号蒸牛肉有过之而无不及。"这一句话再次引起了我的注意,非要品一下吴茂华十足的家常味粉蒸牛肉不可。于是某天我对她提出请求:可否"御驾亲蒸,领教领教!"她慨然允诺,硬是为我做出一份热乎乎、香喷喷的粉蒸牛肉。先夹两箸,满口生香,再进几嘴,有如心生羽翼,忘其所以。我本有气管炎、牙周炎以及呼吸器官方面的老毛病,不过当时也顾不得了,有如饿鹰扑食,硬是将一碗做得精致的粉蒸牛肉咀而嚼之,唉而吞之。是夜,我未再进食其他。看完电视了,中国对阿联酋,足球大胜,眼睛吃冰淇淋,我在口舌回味中睡去。

夜半觉得胃部不适,稍后又感到辛辣刺激着我的气管、胃部,不好过,在床上辗转反侧。其实我因病,早已少吃辛辣或过咸的食物了,这半夜弄得我如此难受,狼狈!怪得谁?怪自己!用不着上纲上线,我这才是为嘴伤身,89岁的老头了,真如吴茂华的夫君流沙河赐我的外号——"不可救药老天真"!

又想起上世纪40年代川菜名店荣乐园的白案大师蓝光荣

（1889—1952）告诫我的话："你吃得太味大、太厚味了，将来要遭罪！"当时人年轻，只顾吃，且酷嗜黄酒，未觉其告诫的重要性，可是今夜确实让我"遭"了。我这才是自作自受，贪得无厌，罪有应得。话回前面，对吴茂华女士家常味烹调艺术，确实值得大书一笔，因为"风格即人"，妙理入微。

一次不寻常的上海夜宴

　　应上海红学家魏绍昌老先生的邀请,参加了上海美心酒家一次不寻常的夜宴。所谓不寻常者是:入席来宾每人戴上一朵小红花。宴厅中安排了三桌,我被安排与张瑞芳、上影动画片厂厂长严励、导演刘琼、画家刘旦宅、上海昆剧团名家段秋霞、越剧名家傅全香、尹桂芳、评弹一级演员张如君、张韵若夫妇等同桌。其他两桌还有:金彩凤、徐玉兰、戚亚仙、毕春方、傅红渠、陈小琼等,都是上海市家喻户晓的演唱艺术家。三桌主位,由魏绍昌、美心酒家经理鲁官宝、陈劲华等分坐。宴席隆重而大方,气氛融合而热闹。

　　美心酒家是广东菜馆。来的是上海名艺术家、美食家,其做法也就分外考究。上应时四菜,毫不逊色:虾饺、春卷、银珠奶露、椰蓉刺团。有了虾饺,春卷心子就改用鸡脯切丝和香菇杂拌,用生猪油炸出。生猪油与陈猪油,上口即可分辨,考究处在此! 椰蓉刺团是粤菜中最富地方风味的菜,味清淡可口,刀法上颇见功夫。大菜中碧绿鱼卷,不亚于广州市第一流大馆子做法。

最好的说明,是盘中菜吃得光光的,瞟眼一看其他两桌,也是一样效果。徐玉兰在越剧《红楼梦》中饰宝玉,今夜也显出演员本色,"当仁不让";傅全香擅长书法,用她那大笔行草手法向鱼卷进攻,"战无不胜,攻无不克"。我发觉上海女状元们吃起美味佳肴来,丝毫也不让须眉。吃得气派。

刘琼这位老导演,彬彬有礼。白嫩的皮肤,客气时发点红晕,76 岁的风流小生,对席上的豆汁蒸鲥鱼、龙凤大烩、烹炒吊片,大夹入口,看他慢条斯理地咀嚼,可算是"不着一字尽得风流"。

鹤发童颜、身体微胖的张瑞芳,下箸时较斯文,但她对"银珠奶露"这样菜却丝毫也不客气,有"过屠门而大嚼"的气派。

来宾中最年轻、最漂亮的要数段秋霞。有人向我耳语说:"他们昆曲最讲究挑选人才,把尖子都选去了,段秋霞的戏也交关好哟!"——她的戏我没有看过,但她今夜的吃,夹筷下箸,入口咀嚼,一颦一笑表现出吃的姿态之美。举一反三,可以断言,她在舞台上定是顶呱呱!交关好得来哉!

宴毕,听了二张夫妇的评弹,珍馐美味入其腹,说噱逗唱出其口,朵朵红花齐发笑。深夜散会时,美心酒家经理送客下楼,魏绍昌老人也要下楼送客,却被阻在楼上,连连用他那半吊子上海蓝青官话说:"弗成敬意! 弗成敬意!"

名人名家之吃

黄宗江吃过大象

到黄宗江的家吃饭，大热天，菜皆清淡，况北京暑天系蔬菜淡季，就只有那么几样，番茄、黄瓜之类。可宗江家的酱拌黄瓜丝，却别有一番风味，酱是芝麻香油、食盐加白糖，瓜丝细切，略和果子酱，入口分外生香，一下子就使灵魂出了窍。翡翠豆腐，也不同一般，豆腐嫩得像豆腐脑，但又比豆腐脑有骨力，加几颗青黄豆，几颗南腿（南腿本身就是提味之"神"），哪来的南腿？乃开的云南宣威火腿罐头切成的颗子。宣威罐头在北京市场上不好买，倒还不是物以稀为贵，而是如今市上火腿很少有卖零，要买就是扛一只腿子，这只有大餐馆才买得起。这一来，市场上宣威罐头反而成了俏货。笔者每次到北京小住，总得先逛逛东西单两大菜市场，十有九落空。惟建国门处友谊商店及使馆区附近的几家食品商店，可以于无意中发现芳踪，有时还可以买到黑啤酒。

黄宗江本人的吃也是如鲁迅先生说的:第一个吃螃蟹的人是了不起的。宗江吃胆包天!他自己说:"我是属于所谓除四条腿(指除桌椅外)啥都吃的人。"好大的口气!他吃过刺猬、狐狸、长臂猿(在中国属国家一级保护动物),乃至大象。我曾迫不及待地问过他:"你在哪里吃的?"

"在越南南方游击区嘛,这有什么大惊小怪。"

我一时语塞,但马上又联想起我几年前去广西南宁,在宴会上不也吃过穿山甲吗? 不过因其烹制做法太差,第一次品尝就败了胃口。

新凤霞说吃头头是道

新凤霞说北京人过节其实就是讲吃的节气,她如数家珍地背出:初一饺子初二面,初三初四团圆饭,初五饺子包素馅,初十要吃棒子面,十一吃鸡鸭,十二吃对虾,十三十四打卤面,十五元宵粉子滚元宝,打春那天吃蛋卷。

五月的粽子有黄江米、白江米,黄的要放大芸豆,白的要放大红枣,红枣要和豆沙炒。

八月中秋砸核桃、炒芝麻,小红枣剥皮去核加冰糖,外加大油锅里炒,略加食盐吃不腻,再进馍子锅里烤,一会儿炒来一会儿烤,家家月饼香又好。

腊月初八腊八粥,有红豆、绿豆、白江米、黄黏米、薏仁米、小米、红枣、腊八豆,样样俱全,专等过年。

灶王上天二十三,家家糖瓜供香烟。糖瓜的做法很讲究,是用麦芽做的(很营养),有元宝形、瓜果形、长金条形,粘上青丝、玫瑰,红红绿绿,不说进口吃,眼睛看也眼亮了。年三十夜吃祭灶后的大糖瓜,节日气氛已很浓了,"欢欢喜喜过个年"。大年初一人参果(花生),过了小年过大年,鸡鸭鱼肉都吃全。

"戏怪"魏明伦征服吴祖光

我们四川的"戏怪"魏明伦,突地托人给吴祖光送去乐山五通桥的豆腐乳。正逢他家吃午饭,吴祖光打开一闻,一阵霉香勾出往事回想。抗日战争中期,祖光去过乐山,吃过闻名天下的五通桥豆腐乳。大凡去过的影剧人,对五通桥之豆腐乳、夹江县的豆腐乳无不一吃上瘾,终生难忘。谢添就是每饭不忘,他还喜欢吃辣味的海会寺白菜豆腐乳,新凤霞也吃上了瘾。吴祖光品尝之后,大发议论:"西方人人酷嗜奶酪制品等。而作为一个中国人,我就喜欢我们的传统豆制品,尤其是腐乳类的佐餐小菜更是我最爱的恩物。在生活里,'霉'不是一个好名词,譬如一个人遭逢不幸,或突遇什么不顺心如意之事,就叫做倒霉,上海人叫触霉头。尤其是食物,发霉变质就只能当做废物扔掉;但是这个神奇的霉豆腐却充溢着一种异香,使人胃口大开。今天在任何副食店里都能买到全国各地的土产豆腐

乳,它们各有不同的特征,却都是佐餐的美味。多年来,成都好
友车辐先生保证不断供应我的四川唐场豆腐乳和白菜豆腐乳
(二者均为辣味,有别于五通桥与夹江的。——作者注),使愚
夫妇感激不尽,几乎成为我们每饭不离的佳品。"(见中国文化
出版公司版、汪曾祺编《知味集》中吴祖光写的《腐乳·窝头
议》一文)

难忘相聚"大同味"

老报人张西洛,1998 年 7 月病逝于北京,终年 80 岁。他是五、六、七、八届全国政协委员,《人民政协报》副总编辑。最近几年他曾几次同几位全国政协委员一起来过成都。记得最清楚的一次是,1987 年 9 月 28 日下午,西洛同其他三人专程从招待所来找我,我当时正好从省文联宿舍出来,刚走到大门口,突然看见张西洛、王家骐、周而复、杨宪益等一行正从人行道上走来了。一见面,西洛便说:"我们来找你是要你找一家地地道道的成都馆子,叫几样有名的成都菜过个瘾。"

我本想先请而复、宪益到家里坐坐,可西洛看看手表说:"时间不待,要吃晚饭了,都是熟人,不坐了。"当时家骐还抱了一瓶五粮液,而复、宪益又是远道来客,我礼当遵命照办。时间如此紧迫,要到有代表性的餐馆去吃地道的成都味,到哪儿去找有代表性的高手? 我当时也想到曾国华、张德善、刘建成等,他们都是特一级川菜大师,不过这时要找到他们简直是"难于上青天"啊! 我只好说:"走着说吧!"一面谈话,一面眉头一皱计上心来,

“走，随我来……”

我们一行走到暑袜街邮政总局斜对门的一家小饭馆，这家饭馆还具有包席馆的格调，名“大同味”，主厨是原新南门外锦江之滨“竟成园”的名厨易正元老师傅，因早知他有几样拿手好菜，于是径直去找他。

到了“大同味”，我直接叫了易正元的“竟成园”上席名菜：芙蓉鸡片（炒）、红油麻酱鸡丝（凉拌）、三大菌大转弯（烧）、大蒜鲢鱼（熠（音 dú））、炟豌豆菜汤等。想不到宪益居然就着此桌菜肴连饮了五杯五粮液，其他客人也对一席菜大为赞美；而复抗战时来过四川，对川菜早有好评，对正元老师傅的红烧鲢鱼尤为欣赏。我即去请正元老师再来一份，他说：“要收堂了，没有了。”我乃请他动步，放下红锅灶头的炒瓢，来与杨、周、王、张等见面，惜未留影。杨、周二公少顷便喝了大半瓶五粮液，说是四川白酒的川味醇、劲头大，都是上品。而复喝白酒不多，对几味川菜他认为三大菌大转弯是上品，首先归功于火功到家，“转弯”进嘴，骨肉分离，鲜味自然就出来了。西洛说：“我在成都好多年，也未吃到这样清淡美味的好菜，这次回来，喊一样‘野鸡红’也吃不到了，过去成都的小菜像竹林小餐那种也绝迹了，太令人遗憾了！如今成都市的几家名小吃店改为卖套餐，完全不是那家人的味道了！”

当时那一席成都味，总的来说是得到了北京来客的赞美，认为保持了川菜的特点，如炟豌豆青菜叶子汤，这个炟豌豆，在今天一离开成都就不容易吃到了。西洛说：“他们二公无法比较，我这个重庆人，又在成都住得久，一想起炒豌豆，真正巴心巴肝！"我能体会西洛当时的心情：近乡情更怯，不敢问炒豌豆。嗟呼！

事隔8年，而今西洛兄已撒手西去，正元老师傅也早于几年前先走了，我则连年为病纠缠，算是已走了一半。不过近两年而复老当益壮，续写着他的长篇，宪益常抱威士忌，诗兴来了信口得句："学成半瓶醋，诗打一缸油"；"好汉最长窝里斗，老夫怕吃眼前亏。"他的这类诗句，在京门文艺界中流传。那一次难得的相聚夜饮后，西洛去了，正元走了，如前人句："毕竟百年都是梦，何如一醉便成仙！"

美食家知味

戏曲中有以善听者为知音,食道中有以善吃者为知味。一经引为同好,则分外感到亲切甚至受到敬重。解放前成都名餐馆颐之时主人罗国荣最敬重书法大家谢无量、杨啸谷老教授。谢无量常以书法比罗国荣别出心裁的烹饪,如他的开水白菜、口蘑肝膏汤、鸡皮冬笋汤三味,谢评之曰:好比三希堂法帖中的三件法宝:即《伯远帖》、《快雪时晴帖》、《中秋帖》。初,罗国荣不甚了了,求教于杨啸谷教授,以通俗易懂的话出之,为他详细地、耐心地解说。罗国荣在粗懂后认为比得这样高,打心眼里折服谢老是懂得吃的美食家(其实应该是美食评论家)。50年代罗调北京饭店工作,常为谢老送他自己做的拿手菜去,他自己也到北海公园内藏三希堂石壁去看过。他们之间产生一种纯情的友谊,谢亦将他的得意孩儿体法书写来送他,并提"国荣兄"尊称。

杨啸谷老人对罗国荣所做的菜,几乎是每菜必评。罗发明辣味豆芽包子,评为"诗中奇峭,贾岛鬼才,别出新意,前人未及"。他们那一类的评论,不一定全要给罗国荣知道,在酒酣意醉时,一种自我陶醉的心情,但确实是十分得体的评论,因而在食客中流传开去,直接提高了罗国荣烹调艺术的价值。

食客唐觉从、王樾村对罗国荣的评价是:"颐之时一出,盛极一时,人称荣乐园与颐之时为'一时瑜亮';比之书法,则为刘石庵与邓完白;比之绘画,称之为吴湖帆与张大千。"

盛光伟是成都书法大家,号壶道人,工秦篆,最喜罗国荣的干烧鱼翅,说他配菜用新鲜南瓜藤于翅汤的四周,亏他想得巧妙,如"王宫舞画墨龙,生动有致,泼墨神奇,画中王宫舞,菜中罗国荣"。川大老教授向楚评为:"出手不凡,似陈子昂之前不见古人。"书家昌尔大吃了他的干烧虾仁、笋衣鸽蛋后说:"罗国荣手下似颜鲁公书法,雄秀独出,一变古法。"

从"明油"说开去

李劼人对菜肴起锅时放"明油"（起锅前舀一瓢熬好的猪油放在菜里）最反感！这个做法不仅在红锅馆子，就在一些餐厅也还没有把这个习惯丢掉。起锅时酌量加一点熟油，增加光泽，这种"搭明油"用于烧、烩一类菜，是可以的。但在制炒、熘、爆一类菜用过了就不对头了。菜已做好，厨师主观地认为要加明油，首先是过多地增加动物脂肪，于人身体不利；其次明油加上，与早先下锅的油在温度上不一，层次上的不同，也不好吃，烦而带腻。李劼人一提到这里，就深恶痛绝！特级厨师张德善说："搞成非驴非马，降低川菜传统质量，损害传统特色。"油用过多，还要另外附加，于若木指出："有的同志不懂营养学知识，没有做到平衡膳食，摄入过量的动物脂肪与蛋白，结果造成肥胖症和血管硬化，使得一些不应有的病，如脑血管意外、心血管意外提前十年到来。"她举出实例说：河北省邯郸市的峰峰煤矿，工人一月工资达二三百元，每人每月要吃去一百多元，都是吃鱼吃肉，不知道多吃蔬菜。有人30岁体重就达90公斤，40岁就得了脑血栓、偏瘫。日本是世界上长寿的国家,男女平均寿命分别为74.2岁和79.8岁,日本人中肥胖症少,体形大多正常,血胆固醇符合世界卫生组织规定标准。这是日本政府多年的努力,包括行政上的控制,以及对营养学知识广泛、持久的宣传,使人人懂得自我保健。日本的膳食平衡是做得很好的,接近理想的平衡膳食。从事烹饪的厨师,首先应当懂得营养学,不是多用两瓢或少用两瓢"明油"的问题了。相信这个问题可以逐步解决,现在有了培训班、烹饪学校等教育机构培育新一代厨师,可望从根本上去解决这类落后的现象。

美学家与锅魁

北方烧饼,南方锅魁。

四川也有烧饼,那是抗战期间流亡到四川的北方人做的直鲁豫大饼,在成都市面上最初出现时,不少人都以好奇的眼光看它。成都本地锅魁,直径四寸,有白面、椒盐、糖、葱油、起酥等多种。过去很少有专门的锅魁店,都是小本生意依附于素面馆。每年成都花会期中,它又伴着凉粉摊子出现,人们吃了凉粉剩下浓浓的作料汤,便将锅魁撕成一块块地放入,慢慢细吃,很有味道。

打锅魁的师傅,头裹白帕,腰系蓝色土布围腰,大襟大袖蓝布短衣,脚穿新繁县的线耳子草鞋,仿若话剧《草莽英雄》里的打扮。这是川西平原上打锅魁的、掺茶的师傅、帮工、老幺穿的通用服饰,有些土气,但很有特色。现在北京某些川味饭店,为标新立异,掺茶师傅的一身装束真弄得来不伦不类:白布短衣、打大红包头,大红缠腰,乱了套!四川有句话:"洋花椒麻外国人",反正北方人、老外皆没有看过川西坝子上是怎样穿戴的,北京

"豆花"们又醉心于半生不熟的现代派的装饰,实在不是味道了。

成都打锅魁的有他一套打锅魁的技术:在小桌子上,将发面用刀切成二两大小的面块,拿起擀面棒,在桌案上啪啪叭叭打出长短相连又有间歇的节奏,目的在制造气氛,以广招徕。这节奏与四川金钱板的某些打法相关联。右手拍打,左手揉面,待面均匀成团时,擀面棒急打出一些点子——最后"砰"的一声,将手中之面捏成圆形后用力向桌上压下去,发出一个柔中带刚、刚中带柔的悦耳之声。

凉粉摊,加上配套打锅魁鞭炮似的声音,你的肚子有些饿了。于是,你就会如巴甫洛夫的条件反射,首先想到热腾腾的锅魁夹川北凉粉、夹兔肉丝、夹夫妻肺片等吃法,还未进口,你的口水流出来了,何况花钱不多。如果再省一点,才出炉的白面锅魁,回甜而有一股热面香,这种美好的素味,不是其他美味可以替代的。张大千来成都吃小笼蒸牛肉,就非要用牛市口的白面锅魁夹着吃不可。

王朝闻来成都,早上"梭"出宾馆去找小吃,突然看见久违的锅魁,仍是又香又脆的样子,连忙买来,却又觉得似乎缺了点儿什么,原来,听不到那打锅魁的声音了。尽管桌案上仍有擀面棒,但仅是擀面而已,它的功能已减了一大半,过去那种带有强烈节奏的拍打桌案的声音消失了。他联想到往日花会上打锅魁的音响效果,已成为一个离乡多年忘不了的乡音。那种类似川剧锣鼓以及金钱板的打法,使他悟出许多有关美学上的问题:擀面棒徐疾有致的节奏,对制造现场气氛起了重要作用,在色香味之外,平添音响效果;于口腹之欲外又得聆听之妙,所谓"耳得之而为声"也;以至于情趣、地方特色、记忆中的留痕等等,内涵之丰富,实令人惊异于一根小小擀面棒的魔力!而如今,"少小离家老大回",那沉默的锅魁却将往昔五光十色的一切一笔勾销了。

这一早,王朝闻把锅魁一直捏在手里回宾馆,一路上若有所失。当天他飞回北京了。可是宾馆的招待员却在抽屉里发现一个锅魁,一口也没有咬,原封不动地放在那里。美学家认为在特定环境下缺少完整性的美(环境、音响、往事、情趣……),是很遗憾的!甚至使人不快。遗留下的锅魁是完整的,而美学家心目中的美却残缺不全了。

说说南北二张

北京图书馆北面开有东坡餐厅,店主张达,眉山人;南方深圳东园路开了八仙楼酒家,主人张之先,内江人,张大千先生的侄孙。他们二张,同是四川人,都在经营川菜,而且在继承创新上都有所提高,虽然两家饭馆都不是富丽堂皇的高档餐饮所在,但实事求是地说,应归入中档或中档略上。对象是中等消费者,求货真价实,图个价廉物美,得其实惠。八仙楼酒家的东坡肘子,3年前是25元一份,到现在还是3年前的价,拿出有代表性的川菜去以广招徕,得的效果是:业务蒸蒸日上。

北京东坡餐厅的东坡肘子,其原材料由北京附近几县供应,我曾在不同的季节去吃过多次,感觉这里的东坡肘子首先是火工到家(原汤清蒸),略带姜汁味,勾点红油,增加了色彩。创新菜"东坡四喜",把传统席菜之一的夹沙肉与八宝饭合二为一,外加苡仁、莲子、红枣(北方人特别喜欢)、樱桃、蜜饯、百合,用四川红糖或西昌碗碗糖拌和,蒸好后发亮发光,引人食欲。"三苏镶碗",脱胎于眉山农村田席的做法,这不仅是为恢复传统,更为突出地方的泥土气息。我每次去东坡餐厅，必吃回锅肉，肥瘦相连，开片匀称，用料合度，几颗豆豉，少许豆瓣，即变浓香厚味的回锅肉为较清爽的家常味，举杯遥向餐厅一角玻璃罩内的苏东坡塑像，你能说不动思乡之情吗？

要说八仙楼酒家的东坡肘子，同样是火工到家。两家虽做法相同，但八仙楼的在调味上却是酱烧味的肘子，去掉辣后，很合当地人的口味，有一种料酒喷出来的香味。

今天南北两家的业务，在稳扎稳打中大步前进，八仙楼所在地的东园路有几家类似他们这样档次的饭店酒家，早已自行收刀捡卦了。北京东坡餐厅三年前却在天津开设了分店，连年得到广大消费者的好评，并在天津发展了子店，由北而南，去年又在苏州开了分店，书法家黄苗子自澳大利亚卖字归来，很乐意地为它写了招牌。漫画家丁聪为它写了牌匾。张达与文化艺术界人士广结善缘，体现了张先生与饮食文化相结合的高妙处。京城中的名作家苏叔阳说："入东坡餐厅，得东坡之味，愿国人因东坡菜而具东坡之神！"书法家李铎书题："迎来送往，有东坡豪气广招天下食客；天府京华，以三苏才干远播川菜芳名。"大导演谢添饱蘸浓墨写上四个大字："乐要思蜀"。此言不假，可以举两例为证：一是年逾90岁的名国画家胡絜青老人，虽早已不出门赴宴了，但前年我去恭请她到东坡餐厅，居然发驾同她的女儿舒济由东城到西城去到东坡餐厅，胡老去后说："抗日战争时我到过四川，对川菜有好感，所以是欣然前往了。"二是说从未到过四川的评剧艺术家新凤霞，一次张达与我前去朝阳门外接她，她因十年浩劫致残,现又高居四楼,故已是很少出门了。这次我们前往恭迎,还是由她的女婿及其他友人才将她安坐于轮椅中抬下了楼,当她到了东坡餐厅,又是由三四人簇拥高抬才一气抬之上楼入座。那天她很高兴,对东坡餐厅,她倒是早听丁聪、方成、钟灵等人说过了。前次请吴祖光,她没有能同来,可主人张达却特地弄了几样菜专门送去。说到张达与文艺界的交往,那可是由来已久,受眉山"三苏"的影响,不无原因。文艺界友人对他的人品及传奇式的经历、百折不挠的毅力,都是十分钦佩的;在抗美援朝的一次遭遇战中,他不幸受伤被俘。名传一时的报告文学《共青团地下斗争小组长》、《志愿军战俘纪事》等著作,写的就是他。他在对敌人顽强的斗争中,捍卫了祖国的尊严。在战俘营里他被美军强行在手臂刺上"反共反俄"四个字,然而他却用利刀将其连皮带肉刮了下来,留下了仇恨的伤疤。板门店战俘交换的最后一批,张达终于回来了!而后他又经历了无数的坎坷,包括极左路线的种种折磨,直到1983年平反恢复名誉,被评为三等革命残废军人。当时,他首先想到的是二次大战中成为德军俘虏的密特朗后来当上了法国总统,而自己作为中国一个志愿军战俘,为什么就不能多为祖国作出贡献呢?于是他摔掉了落实政策后的铁饭碗,在京城一隅开起东坡餐厅来。

与张达命运有某些相同的张之先,几年前在深圳开了一家八仙楼酒家。那年我刚到深圳,就听说张之先是个"儒商"。他最初创业也的确是一场艰难的苦斗。那时他初到深圳,每天只坐3毛钱的公共汽车,其余全凭走路,走了3个月,考察了当地

川菜杂谈

几十家餐馆,结识了一些友人,由于他本人的诚实和直率,为朋友所敬重,在友人资助下,他开了龙凤餐馆。由于他在菜肴上保质保量,且价廉物美,于是很快打开了局面。当经营业务直线上升时,突地接到通知,餐馆要拆除。正在他一筹莫展之时,诚实、直率、善于经营的三件法宝救了他。罗湖大酒店的孙总经理常来这个小小的龙凤餐厅吃东坡肘子,结识了张之先,食其味而知其人。张之先现在回忆道:"他和我聊天,觉得我很可靠……两个月后,找到这个八仙楼,我请孙总来看,他说你看准就行了,接着当场撕下一张 30 万元支票。"

借钱是要还的。那以后的每个星期一,张之先准到孙总的办公室敲门,日子准确无误,一年就陆续还了 21 万元,当守信的张之先最终还清钱时,八仙楼酒家也归他自己所有了。他这时更体会到:"做人,首先要有信用,做人说话一定要算数。有句话叫'大商惟信,小商以奸!'……客人点菜时,我却处处为客人着想,比如有些人来吃火锅,菜点得很多,我就坦然地告诉客人不要多点了。我的分量很足,一个人点三份就足够了。客人照我的说法点菜,吃得心满意足,他们不会觉得我昧着良心害人的。"

因为以诚待人、经营有道,照顾八仙楼酒家的回头客占绝对多数,这点又与北京东坡餐厅相同,不搞假,"诚招天下客",此言不虚。我每到八仙楼午晚二餐登堂时,坐于进门当道处,缓看前来进餐的顾客们,除四川老乡外,来自天南地北的八洞神仙经张老板指点,确有不少回头客。我看这"南北二张"都有当年成都"姑姑筵"黄敬临遗风,在接待顾客上,对食客的脾胃、嗜好以及食之个性,摸熟摸透,对症下药。他们这一优良的传统待客作风,在今天应大大地承继下来,一切都是为了让进食者满意,久之,且把双方的情感凝结起来。回想起早年成都布后街荣乐园每天早上总有几位茶客要登门,然而不管是人多人少,生意是大是小,大老板蓝光鉴老先生都是亲自出来陪吃早茶的,这叫联络情感,绝非而今眼目下某些"名店"抱着铁饭碗那副冷若冰霜的铁面孔可比了。今天八仙楼酒家已成为文化艺术界聚会之所,与经营餐馆同步,张之先把饮食与文化有机地结合了起来,时时萦绕于他心中的是"大千遗风"(大千先生是他的八祖父)。他秉承家风,对艺术有一种独特的钟爱,他一年到头广泛接待着去鹏城的艺术家。如患有严重哮喘病不能适应四川冬天气候的著名画家吕林,在世时每年到深圳,都得到他们夫妇无微不至的照顾,后来竟感动了老画家,一天,老画家硬是跪在地上为他画了一幅大熊猫水墨画。

那年他骑着自行车走遍了深圳的大街小巷,他发现经济繁荣的深圳有小商品一条街、电器一条街,独没有文化一条街,这显然与特区经济实力和文化艺术的发展不相适应,他建议建立艺术品市场,使之成为深圳的一个艺术天地。他的建议很快受到市领导的高度重视,决定在华强北路建立一个文化市场。深圳《街道》杂志评介他:"作为艺术大师张大千的后裔,身为八仙楼酒家经理,义不容辞地成为艺术的赞助人,成为艺术家的知交。"在深圳,凡认识张之先的艺术家,都不同程度地受到过他的关照,事无巨细,他都一一亲自去料理。久之,八仙楼就成了艺术家之家,大家都在这里找到了精神上的朋友,事业上的支持者。

万变不离其宗,要把饮食文化这根纽带拧得紧,只有把"八仙楼"搞得更好是上策,他接着又说:"我发现中国目前还没有一本餐馆老板自己撰写的有关餐馆经营之道的书。"

我明白了他的意思,问了一句:"何时动手写作?"

"已经动手了,书名就叫《我在深圳开餐馆》。"

名品"Y"了向谁说

——答胡绩伟

最近收到胡绩伟同志来信,原文照抄如下:

车辐老兄:

您好!

今天收到《四川烹饪》1994年第5期,马上读了您关于姑姑筵的文章,连连叫好! 恨不得马上飞回成都与老兄共赏一席。

一一翻读,读到《火边子牛肉在自贡》,大有感慨。然而前几天,老家(威远县。——编者注)来人,带来今年8月出厂的火边子牛肉一盒,打开一尝,实在大失所望! 一点不香,连一点红油辣椒的辣味也没有。

我之所以给您写信,皆因最近来我一连几次买四川名品,都大失所望,实在有点自毁声誉。一次我买回四川冬菜,本想炒一个冬菜肉末,吃细面,然后蒸一次冬菜包子。结果打开一看,根本不像冬菜,只见到一包烂菜叶子。

四包大头菜丝，死咸，一点鲜味也没有。一次我买回一斤麻辣香肠，既不麻不辣，也无香味。这正如现在北京到处"川味正宗"的饭馆，大都已离川味远之又远。

因而，我特写这信给您这位美食专家、正宗川味学家，希望您大声呼吁一下："千万不要自毁川味的名誉！"

现在，假货、赝品、伪劣产品大为流行，这简直是自毁"长城"，希望四川人争口气，千万不要把老祖宗传下来的老产品、好名誉给败坏了！

希望您去《四川烹饪》和四川其他报刊上大叫一声。

感谢《四川烹饪》的编辑每期都送我一份，请代我致谢！

此致

敬礼

绩伟

1994.9.30

胡绩伟，老友也。在抗日战争初期，我们同在成都参加了党领导下的新闻工作，如《星芒报》、青年记者学会等。他在信中顺手给我戴了两顶很不合尺码的帽子："美食家"与"正宗川味学家"。关于"美食家"，我在1993年第一期的《四川烹饪》上写有《论美食家》一文，阐明了"美食家"是交际场合的空头衔，并无实际意义等等，此不再论。

他给我的第二顶帽子是——"正宗川味学家"。创造这个新名词实属罕见！我所见到过的有关烹饪食道的文字记载中，也从来没有绩伟兄杜撰的这个名词。再翻《川菜烹饪事典》,也没有,这实在叫人难于虚心接受了。我想,还是从胡绩伟信中的主要观点、看法入笔,拉杂地谈一谈。

他指出,几种有代表性的四川名品土特产,都假了,或如时下人们所说的"Y"(注:指假冒、伪劣)了,"实在有点自毁声誉"。火边子牛肉算自贡市特产,我想自贡市人应首先感到这些"Y货"在自己眼皮下败坏自己的名声!宜宾市的冬菜、芽菜成了"一包烂菜叶子",恐叙府老乡也不好过吧?

对于"Y"的、假的大量充斥市面,胡绩伟是威远人,自有切肤之痛,他希望不要自毁长城,千万不要败坏"老祖宗传下来的老产品",语重心长。他希望笔者站出来"大声疾呼",然而我算老几?似乎应当寄希望于那些打假的机构?报刊上、荧屏上不也时有揭露的消息与镜头出来——被绳之以法吗?为什么屡打不绝?根子在哪里?难道不可以令人深思吗?

泛滥了,受害人是消费者,到了有冤无处申的地步。以郫县豆瓣为例,如今的市面充斥假货,直接毁坏郫县豆瓣的名誉。据说造假货的在一百家以上,蝗虫成灾了。假货又分散于各地、自产自销,制作者又没有打出"郫县豆瓣"的招牌,也无从管理。就郫县豆瓣本身来说,已由干到稀,量变到质变了。我们这些吃郫县豆瓣七八十年,爱之如命的忠实信徒,也像是难于说出好话了,因为品味的嘴舌是师傅,"口之于味,有同嗜焉"。还是去听大家的意见吧!老作家巴波,重庆人,远居哈尔滨,常在梦中"流口水",想家乡"老祖宗传下来的老产品",前不久我特地去郫县代买豆瓣，我想医治他的思乡病，哪晓得他一尝就摇头说："不真概。"当时，我这个川西坝上人站在了松花江边，真有些不是滋味了。

记得小的时候吃到郫县豆瓣中一种"黑郫县豆瓣"，干的，又香又辣。没有菜时，就吃这个美味的"黑郫县豆瓣"下米汤饭。可是，不知怎的如今竟没有了，去郫县问过有关人士，"大张口"（茫然不知所答意。川语）；有的年轻人，竟连见都没有见过，你叫他怎样回答？谈经济效益之不暇，哪还管你什么"老祖宗"的人间美味。所以干脆来个"老朽滚蛋"，省事得多。

得承认毛肚火锅发源地是重庆，重庆人也以此自许，听人说："重庆毛肚火锅再好，假如没得郫县豆瓣也就没得灵魂。"重庆人更幽默："啥子'灵魂'哟？Y都Y了，果戈理的《死魂灵》吗？"我一听，心情有如在重庆爬坡上坎一样沉重，真应了俄国文学大家果戈理的话了，那个专靠死魂灵混日子的乞乞可夫不也像幽灵一样出现了吗？他是做的空头，我们做的是假。

要大声呼吁"千万不要自毁川味的名誉"，向谁呼吁？咱们这些捏笔杆的，也只有效仿果戈理的笔，勾勒出姓赵钱孙李的乞乞可夫，勾勒出他们的嘴脸，他们怎样从基层去啃啮、败坏，当然其中有不少"官之邪也"的官们，这是主要的一面；另一面是个体户制假售假，如过江之鲫。昨天我走春熙路，几乎送了老命。当时街中间两边鳞次栉比摆满了地摊子，突一下子所有地摊子像海潮一样铺天盖地而来，奔向一方，弄得人仰马翻，我就在这大浪潮中几乎被绊倒。原来是整顿交通的来了,于是,那些阻碍交通的、兜售假货的小商贩,只得飞快地逃走。春熙路,成都市的眼睛、窗户都成了这个样儿,为何不慎之于始?胡绩伟指的不是这些,但也可以看出"假货、赝品、伪劣产品大为流行"的场面。菜市上一箩一箩的塑料桶装着的仿制"郫县豆瓣",只好令人退避三舍了。这些东西多了,鱼龙混杂,受害的消费者大有人在。总不能为了买郫县豆瓣专门去一趟美丽的鹃城,纵然买到,又是哪个地方造的?你总不能先尝后买,何况有些还买不到,如黑色郫县豆瓣。"老祖宗"都不见了,也不存在败坏名誉的问题了!多么省事。

火边子无味,冬菜变成烂菜叶子,而今比比皆是,此小事也,何足挂齿;君不见"正宗川味"、大名鼎鼎的荣乐园已在成都消失了吗?"老祖宗"又去一个,有道是:"旧的不去,新的不来",昨路经成都市繁华中心的总府街天桥,看见美国的家乡鸡肯德基的醒目大招牌已打出来了,叫人说不出话来。遑言"大声呼吁"?当菜篮子里又香又脆的冬菜已败坏成烂菜叶子时,叫人怎么说?只有寄希望于打假,但是,"假亦真时真亦假",今天天气哈哈哈!

在得到《四川烹饪》编辑部的通知,要我校胡绩伟同志第二封信的排稿时,又收到胡老4月18日发来的第三封信,以及他附在信中的"四川自贡食品(集团)公司腌腊品加工厂"4月14日写给他的信及胡老的回信。此信内容十分重要,而且把

问题提到了实质性的尖端,抓住了问题,提出了办法,原文照抄
如下:

车辐老兄:

　　您在《四川烹饪》上的文章,《文摘周报》也摘要刊登
了,影响很快。自贡市食品公司腌腊品加工厂来了信,还给
我寄来一盒真品。我给他们回了信,希望能在实际上产生
一点作用。现将他们的来信和我的回信送您一份,请您看
看,如果能再做文章,就作您参考。

　　祝您食运亨通!

　　快乐! 长寿!

绩伟

1995.4.18

下附"四川自贡食品(集团)公司腌腊品加工厂给胡老
的信":

尊敬的胡老:

　　看到您给《四川烹饪》杂志车辐同志的信后(摘发于4
月3日《文摘周报》),我们对您老热爱家乡的一片赤子之情
深为感动。您老家居京都,是全国各地名特产品的汇聚之
地,独对家乡的特产一往情深,所提出的中肯意见以及"希
望四川人争口气,千万不要把老祖宗传下来的老产品名誉

93

辑一 文化人与川菜

给败坏了"的警世之言，使在您老家乡工作生活的我们为之汗颜。

自贡市的火边子牛肉据考源于清代乾隆年，距今已有二百余年历史（又一说源于宋代）。国营食品公司1954年成立时就将当时散在民间的技师招到食品公司专门从事火边子牛肉的加工生产，其中有一位老技师，已年逾古稀，至今仍留在本厂作指导，我们作为国营食品公司的专业腌腊品加工厂，火边子牛肉是我厂的主导产品之一，每年生产销售十余吨。该产品曾先后获得中商部优质奖、巴蜀食品节金奖。本月10日又在洛阳获全国食品工业协会"名牌产品"殊荣，在消费者中确有一定声誉。

但是，近几年放开肉类加工经营以来，仅自贡市生产火边子牛肉的国营、集体、个人、乡镇企业等就不下百户，且其包装与我厂大同小异，鱼龙混杂以售其奸。为保护我厂合法权益及产品声誉，我们除严格执行《商标法》外，又在产品包装上附加了产品的获奖标识，以便消费者识别真伪。然而人们是善良的，不辨货者也确有其人，悲乎！此等状况如不制止，您老的警言将不幸而言中，我辈之人将何以上对祖宗，下对后人？我们作为生产厂家虽忧心如焚，但也无可奈何！惟望有关当局能遵循领袖的"认真"二字，少点会议，多点落实，则为时尚不晚也。

为感谢您老对家乡的一片深情，我们特寄上一盒本厂生产的火边子牛肉，请您老品尝。……

四川自贡食品（集团）公司腌腊品加工厂

邱明宗敬启

1995 年 4 月 14 日

胡老的回信如下：

邱明宗同志：

收到来信，谢谢！

寄来的火边子牛肉很好，是传统正宗川味。上次我一亲戚带来的火边子，显然是假货。我只看到盒子上注明是 1994 年 8 月出品，因质量太差，一气之下，没有注意厂家就丢到垃圾桶里去了。所以我给车辐先生去信时，只说质量太差，没有写是哪个厂的出品。据来信说，仅自贡市一地就有上百家厂坊生产火边子牛肉，出产假劣产品是大量的，因而提出以下几点意见，供你们参考。

1. 希望你们厂坚持质量第一，保持传统正宗风味，严格生产和检验制度，保证次品不出厂。

2. 希望自贡工商部门按质量标准——严查每一个生产火边子的单位，不合格的一律不准出厂，对问题严重的进行停产整顿。

3. 对有希望的厂家，如他们愿意，可以吸收他们加入你们的食品集团，统一质量标准，统一商标，化竞争对手为合作联手。

恭喜发财！

胡绩伟

1995 年 4 月 18 日

本来改革开放是大好的事，近几年来放开肉类加工经营也是一件起配合作用的好事，但一牵扯到火边子牛肉，就与传统的老号老厂过得硬的老产品发生矛盾了，或以"大同小异"出之，"鱼龙混杂"出之，千方百计以假乱真，搅混了水再说，抢钱为第一，哪还顾得法律、商业道德，正如老百姓切齿痛恨地说："简直是在活抢人！"作为生产厂家虽忧心如焚，但也无可奈何！

胡老提出的"检验制度，保证次品不出厂"，这对自贡食品公司腌腊品加工厂是起码的要求，他们也保持了该厂的荣誉，不然能连连获得优质奖、名牌产品奖吗？

对于"工商部门按质量标准——严查生产火边子的单位，不合格的一律不准出厂，严重的要进行停产整顿"这方面涉及的问题较多。法律问题、官方严格执行问题等等，总不能坐待养痈成患，使消费者乃至厂方受害不管吧！长此下去，不堪设想。"国家之败，由官邪也"，要开放，要增加收入，要大胆，说到底，政策的执行者、管理者——那个基层的国家干部——那个官，你总得管一管，责无旁贷。

胡老说："发扬四川饮食文化的优良传统，川味现在风行全国，也风行全球，我们必须千方百计地保持声誉，同时，这对四川发展饮食业、扩大收益,也是很重要的事。"

又引《文摘周报》1月23日第二版载:上海市技术监督局近对熟肉食品的检查,有16种食品不能食用,其中5种食品就是四川某些食品厂的产品。可见胡老所指问题的严重,希望能引起四川领导同志的注意! 不能掉以轻心啊!

千方百计保持川味名牌的声誉

今年第一期《四川烹饪》刊出《名品"Y"了向谁说——答胡绩伟》一文后，各方反响较大。胡老读过拙文后兴头甚高，最近又来一信，提出了具体办法，他还致函在《四川日报》、《文摘周报》工作的老战友们，意在共同努力打假，为人民造福。现将来信摘要如下：

收到《四川烹饪》元月号，读了您的文章，很是高兴。

我认为，这事只是开头，可以从此开始一系列工作。除了上次提出的"千万不要自毁川味的名誉"的口号，还可以提一个正面的口号："千方百计保持川味名牌食品的声誉！"

首先是扩大宣传，我另外给《四川日报》总编辑姚志能同志写了一信，请您附上《四川烹饪》一份转送他。您如愿意借此去拜访他更好。上周我已经给《文摘周报》主编甘茂因同志写过一信，请她注意《四川烹饪》第一期，希望地转载摘登一下你的文章。（注：《文摘周报》已于4月3日转载。）

我的设想是：除了扩大宣传以外，最好推动各名牌厂家加强出厂质量检查。同时，可否成立同行业的质量监督机构，严格打击伪劣产品，此其一；二、希望去即将建设完工的四川驻京办事处大楼内，设一四川名牌食品专卖店，专卖地地道道的四川名牌真品，同时接受顾客的投诉，要设专人接待顾客投诉，一方面督促销售假货的商店赔偿损失，一方面联系有关工厂，处理伪劣产品；三、希望四川省烹饪协会、四川省蔬菜饮食服务总公司、四川省贸易厅主办川味名牌食品高级技师训练班，专门培训各有关工厂的技师，发给真才实学的合格证书，以保证名牌食品的质量；四、希望驻京办事处联合以上三单位，开办川味美食高级技师训练班，专门培训打出川味招牌的大小餐馆厨师，要让他们能至少做好数十种道道地地的川菜。培训结业，发给正式证书。证书可以张贴在餐馆里，以招徕顾客，这样即可从各方面去防止"挂羊头卖狗肉"的事。

我以为这事既然已经开头，开了好头，就应该坚持下去，扩大战果。把这件事办好了，可以大大提高四川食文化的名声，真正誉满全国、全球，这对于四川经济的发展也会起到一定的作用。等四川在宣传上有了成绩，四川省领导引起注意以后，再请新华社四川分社和《人民日报》记者向全国发一消息。

我是心血来潮，又写这一信，请老兄指正。

祝新春万事如意！

绩伟

1995.12.4

胡老前一封信的主要论点在于：不要自毁长城，千万不可败坏"老祖宗传下来的老产品"。胡老的话语重心长，他希望给四川人争口气，因此他要我们大力宣传，开个好头。

这次的第二封信又提出了具体的建议：即"千方百计保持川味名牌食品的声誉"。配合其他有关机构打击伪劣产品，成立质量监督机构，接受受害消费者的投诉，要求造假货卖假货赔偿损失。还有要从正面培养高质量的人才，办训练班等等。设想可谓周到乃至具体细微。胡老关心人民大众生活，身体力行，是为可敬！但他举出四点中之假象，我们在报纸上、每天的荧屏中、广播里都听到看到了，假伪劣品不断在焚烧毁灭，为何久禁不绝？久打未断？根子在上头，且非一朝一夕，久了？溃疡了？糜烂了？影响所及，从而效之，你在这头打，他在那头造。有关机构不遗余力，可就是禁而不绝，成了走马灯似的彼此掌握了规律的运动。可是伪劣产品首先是使消费者受损害，甚者霉变了的吃了要命。卖假酒害死人的也有，元凶主犯也明正典刑，从执法上说，不为不严，可是"年去年来还又笑，燕飞忙"（辛弃疾《添字浣溪沙》）。忙于打假，忙于作伪，真有些笑不起来的苦涩味道！

胡老给我们开了一个药方：要"等四川在宣传上有了成绩，

四川省领导引起注意以后"，而我们的职责只有全力以赴，扩大宣传，用笔和墨口诛笔伐假冒伪劣食品。至于生产厂方的质量检查、行业内的质量监督、举报投诉等等，就不是烹饪协会所能完成的了。再说，烹协是群众团体，但它的会员个体，往往又是消费受害者，事物错综有如此！

再说而今有的地方办培训班、训练班，交了钱，几个月就能拿到正式证书，这不也同报上所载的汽车训练班一样，3个月就可毕业拿到证书，就可以横冲直闯，不仅死人无算，连3个月未装满的半罐水的那种驾驶技术也撞得没命了。或曰严格把关，钥匙在谁手中掌握？当"Y"（或歪）成了通用代词之后，掌握钥匙的手也"Y"了时，彼此"咸与维新"，万事如意，恭喜发财，那就不好办了。

要在"扩大战果"中去求得领导注意，还需要各机构、部门、单位配合，不是一蹴而就，但也要认真地、切实地去做。我们肩上责任匪轻，不能使"老祖宗留下来的老产品"再被败坏下去了，要给四川人争口气，给中国人争口气，无愧于时代，无愧于传统的中华饮食文化。各位请勿轻看此事，烹小鲜能治大国，起步就在我们脚下！

辑二　川菜杂谈

成都"肺片"杂谈

　　对始见于 20 世纪 30 年代成都街头的百姓小吃"肺片",已故作家李劼人先生在他的小说《大波》中是这样描述的:"用香卤水煮好,又用熟油辣汁和调料拌得红彤彤的。牛脑壳皮每片有半个巴掌大,薄得像明角灯片,半透明的胶质体也很像;吃在口里,又辣、又麻、又香、又有味,不用说了,而且咬得脆砰砰的,极为有趣。这是成都皇城坝回民特制的一种有名的小吃,正经名叫'盆盆肉',浑名叫'两头望',后世称为牛肺片便是。"

　　以上一段文字是李劼人先生当年对成都"肺片"的描述,而那个时候我已经有十几岁了,所以我对当时这类走街串巷叫着卖的小吃印象特别深。那时的皇城坝是一条大街,它的左右走向上排列着几条小街小巷。由于那里为回民聚居区,所以店铺都出售牛羊肉。每次我去到那几条街,远远的便闻到牛羊肉烧出的香味,那扑鼻香气的确勾人食欲。那时的皇城坝有三座桥,每座桥的桥头都能见到这种摆土钵钵卖牛"肺片"的,这正如李劼人先生所叙述的那样:"大概在 1920 年前后,牛脑壳皮和入牛杂碎;其后,几乎为废片之讹。"对此,劼人先生在抗日战争时期写的《饮食篇》书稿中又补充写道:"名实不相符,无过于明明是牛脑壳皮,而称之曰'肺片'……牛脑壳皮煮熟后,切薄而透明的片,以卤汁、花椒、辣子红油拌之,色彩通红鲜明,食之滑脆香辣。发明者何人? 不可知;发明之时期,亦不可知。"

　　我的老家在成都西东大街的天恩店,记得小时候我家的对门住有一位罗大爷,人们都叫他"罗打更的",白天他就专卖卤牛肉,我常见他将牛肉和牛头皮等部位的"下脚料"留着,用盆盆装着,拌入作料后拿出去作"肺片"卖。让我至今每次忆起时仍口舌生津的是他亲手兑制的拌"肺片"的作料,那简直是其香无比。难怪他端出去卖的肺片(盆盆肉)总是勾人食欲。我记得那时要吃他盆里红亮亮的肺片很便宜,每次只需付一个"金钩钱",就可自己动手用筷子拈起两片送入口中。记忆中,我时常都是面对盆盆,愈吃愈香,愈香愈不可遏止,直至把身上的金钩钱吃完,再吃四川造币厂的当十铜板……

　　上面说了,白天我常会去光顾罗大爷的"盆盆肉",晚上则常去粪草湖的大茶铺,或是去北打金街"香荃居"(评书场),不过我去多半都不是为听评书,而是冲着两家茶馆门口小贩摆着卖的牛肉肺片去的。我经常是去了便把身上的钱全吃干净。可能有人会问了:那被称为"两望"的盆盆肉有那么诱人吗? 不瞒朋友们,那味道在今天虽已过去二分之一多世纪了,但我只要一想起,便顿感口有余香,腔留余味。我的一位朋友,从法国归来的马宗融教授,一回到成都便提出要去皇城坝大吃一台。由于他是回族，故对"肺片"情有独钟。另外他对皇城坝的牛肉水饺、红酥、甜水面、笼笼蒸牛肉等也能如数家珍。他说他在国外时竟然常梦到成都的家乡味。他在吃"肺片"时甚至还记得早年成都市民中的口谚："辣乎儿辣乎儿又辣乎，嘴上辣个红圈圈儿。"

皇城坝的盆盆肉多半装在土钵子里，如劼人先生所写："短凳一条，一头坐人，一头置瓦盆一只，盆四周插入竹筷如篱笆，辣香四溢，勾引过客，大抵贫苦大众，拈食入口。"如此吃法虽然极不卫生，也只好为嘴巴不顾一切了。不过还有个规矩（不成文）："筷子不得入口"。而事实上谁也不可能完全遵守，吃归吃嘛！

那么什么叫做"两头望"呢？因为这盆盆"肺片"虽本为贫苦人所爱，但也常有"上等人"光顾，只不过那些"上等"顾客常常表露出"两头望"，无非是怕被熟人碰见了有失身份、不雅观罢了。照说成都人发明的这道美味只属于"下里巴人"，然而有一天它居然步入了大雅之堂——布后街的著名老字号荣乐园。原来那年荣乐园的二老板蓝光荣（此人原本是"白案"名厨）协助大哥蓝光鉴"提调"席桌菜肴。为了把当时已生意红火的荣乐园搞得更好，算得上是"成都通"的蓝二哥对外面的"大吃"、小吃总是要去亲身体会一番。正是由于他先后几次到皇城坝"体验"过肺片，故才在以后通过改良方式，以创造性的做法将"肺片"这一街边小吃推上了筵宴。

荣乐园上席冷碟中的"肺片"，其最大的特点是它废弃了过去常用的卤水，即不沾水汁，改用现炒的盐，另加入花椒面、辣子面等作料拌匀，由于是干拌，故肺片保持麻辣味不说，还平添出一种干脆的香味。

这里我还得特别提到成都最著名的"夫妻肺片",因为我同他的创始人郭朝华夫妇早在40年代中期就认识了。那时郭氏夫妇还在少城半边桥靠今人民公园侧门右手处开着一间小铺子,店铺只有几个平方米,可就是这间小铺子的牛肉肺片却远近驰名。值得补充说一点的是,今日成都人习惯叫的"肺片"其实并没有"肺",有的只是牛的心子、肚梁子、头蹄和少量牛肉。然而早年的"肺片"里却确实有肺片,大概是"肺片"的售卖由街边进入店铺后,那里面的牛肺才被淘汰掉了。我的看法是,牛肺煮熟后的颜色黑红,不好看,也不好吃,所以除早年(二三十年代)"端钵钵的"所卖真有肺片外,后来开铺子的都弃用了,自然这也不是什么被喊讹了的问题。再说这郭氏开了铺子卖"肺片",一卖便出了名,稍后又冠以"夫妻"二字,更是醒目,记得当年我发现"夫妻肺片"时,便在报上介绍过郭朝华、张正田夫妇。解放后,我有好多年未见到他们,后来终于在提督街的一家国营食店见到了郭朝华,他告诉我他已在那里担任"夫妻肺片"的技术指导。我也曾去买过几回那里的"夫妻肺片",感觉是制作粗放,调料也不及40年代他的那个夫妻店。再后来便听说郭朝华已故去,我特意去见到了他的夫人,张正田仍在那家国营店工作。前不久从报上得知,郭夫人新开的"郭氏传人夫妻肺片"店已正式开业,其店名也已获国家商标局的注册批准。

从"肺片"到"夫妻肺片",再到"郭氏传人夫妻肺片",变化之大,实在是感觉大异其趣矣,在此我就杂谈这一些罢。

"夫妻肺片"郭朝华

我认识"夫妻肺片"郭朝华在抗日战争胜利时。那时他在少城半边桥街、人民公园后门右侧一个单间的小铺子,刚在拐弯处,成一直角,中有一根木柱,撑住破烂的房子,柱头一边向北,一边向东,狭窄的几平方米,貌不惊人。可是这间小铺子的牛肉肺片四远驰名,成都人习惯喊"肺片",其实并没有"肺片",有的是牛心、肉、肚、头、蹄和最好的肚梁子。更早的时候有卖肺片的,那是端个瓦钵,卖凉粉的肺片;或者瓦钵放在长板凳之一端,在其周围插了无数双筷子,吃一片给你用金钩小钱记一次,为劳动人民爱吃,但极不卫生。那时候确实有肺片,后来开铺子了,那个肺片就被淘汰,主要是肺片的颜色黑红,看起不好看,吃起也远不及牛肉、筋、头肉、肚、舌等。还不是什么口音喊讹了的问题,肺片无肺,约定俗成了。

郭朝华开了铺子(尽管那样狭窄)卖"肺片",一卖出名,且冠以"夫妻"二字,更能使人醒目。

成都卖"肺片"的多,有口皆碑,给他们喊上"夫妻肺片",正是区别于其他众多卖"肺片"的，说明"夫妻肺片"确实好，超乎他家之上。不但精选材料，制作也很精细，买回来的牛身上的原材料，要一一加工，用刀刮、挑、削、切、片等。其中又以头皮、肚梁等较为费工费时，工作一点也不马虎，打整得干干净净，使人看见就发生好感，加之上好的调料，就更令人非吃不可了。

他们夫唱妇随，却也赚了不少钱，买田置地，在那个时候，郭朝华可以成为一个殷实的富户之家了，当个"二簸簸绅粮"是绰绰有余。他这个人会找钱，也会出脱钱，他有一个致命的、几乎是无可挽救的坏习惯——好赌。常常是输得精光，多次面临破产的边缘，但因他有了这门手艺，加上"夫妻肺片"的名声，多次赌成光棍之后，又重操旧业起来。人们只知道"夫妻肺片"之好吃，根本就不去问他的赌运盛衰。我最初在成都发现"夫妻肺片"时，也在报上介绍过郭朝华，同他有了交情，因而也认识了他的夫人张正田，也多次看到他赌成光棍狼狈相，他夫人那副无可奈何的难堪表情。

据说郭朝华在解放初期"减租退押"时，不免有点喜形于色，说他赌得好，输光了。否则，赚那样多的钱去置地，肯定脱不倒手。"祸兮福所倚，福兮祸所伏"，然乎？解放以后，他专心致意于"夫妻肺片"的制作，他夫妇在提督西街店里担任了技术顾问，同在店里烹调操作。

成都的"鬼饮食"

　　过去成都有一种"鬼饮食",在打二更时(相当于晚上 10 点钟)开始出现于街头巷尾,夜深了还在卖,有的一直要卖到第二天早上黎明前。这里说的"鬼",指的是在夜深出现,指的是时间。

　　当年最有名的"鬼饮食"要算春熙路三益公门口那个卖椒盐粽子的,每夜打二更就出来了,不论酷暑严寒,总是摆在那个固定的地方——行人道边三益公戏院出来的门口上。担子上燃铁锅炉子,锅是扁平的,下燃木炭;有的炉上用铁丝网子,放上一块块的红豆椒盐糯米粽子,翻来覆去地烤于木炭上,随时注意火候,一不能焦,二不能糊,要烤成二面黄,使椒盐香味散发出来,让行人闻之馋涎欲滴。更重要而有特色的是椒盐烤味中,喷射出和在粽子里的腊肉颗子的香味,刀工尤好,切成肥瘦相连的小颗子,和在红豆、糯米中,烤到 9 分 9 厘炉火纯青时,那香味真如当时"售店"(公开卖鸦片烟的烟馆)门口挂的灯笼,上写:"闻香下马,知味停车"。这种"鬼饮食"的"鬼"字,还不能专指它出来的时间，它"鬼"在精细。粽子，在四川农村里本是平常的家常小吃，特别在过年过节的时候，家家户户都有，可是怎能及这个"鬼饮食"的烤椒盐粽子呢？它烤出了腊肉之油，油浸于粽，火候恰到好处，喷发出微带焦香引人食欲的奇妙绝佳的味道。深夜了，三益公戏园子戏毕出来的观众，春熙路上往来的夜行人，不是饕公食客，也要"闻香下马"，况那时市中心热闹街上"售店"梭出来的大烟鬼，也就要直扑入"鬼饮食"椒盐粽子的香味中去了。做这种"鬼饮食"的小商小贩（其中也有自己便是小烟鬼的，真是"鬼"在一起了，因为如此，所以才大有文章可做）。"鬼"无论大小，却有鬼才，烟瘾发了促使他产生对"鬼饮食"精益求精的本领。当时成都那个黑暗社会，不止于"鬼饮食"，其他方面，也确有不少烟鬼想出很多赚钱的办法，在饮食烹饪上奇峰突出。可不可以这样说：他们在某些大小吃的加工上，精到细致，丰富了饮食文化。当时成都"鬼饮食"卖椒盐粽子的，不止三益公戏院门口一家，市中心区还有不少，一般都能达到这个水平。事隔五十多年了，仍使我们想念它，思之而不可得。烟鬼能做到，我们今天高明的厨师们为什么不能做到？且超越他们？为什么类似椒盐粽子的小吃看不见了？为什么？难道不令人深思吗？就椒盐粽子本身而言，简陋到极点了，但它却能出异味、生奇香，诱人食欲。那火候、工艺程度，确实可以作为发掘祖国烹饪遗产那一类，将它继承下来，发扬光大。慈禧吃过加工精细的小窝窝头，过去北海仿膳还卖过。我们的椒盐粽子何尝不可以小型出之，用电烤上席，我想是可以的。做出来勾人食欲，认真做好了，讲经济效益也不难。做出具有特色的小品,不愁上帝不光临。鲁迅先生说过:"发思古之幽思,是为了现在。"好的先人遗产,继承下来,就是为了现在。观如今,当嘉兴粽子在市中心大大小小国营食品、百货公司大楼门口出现时,使我这个成都人感到不是滋味了;因为不少名小吃在恢复发展中受到欢迎,然而"鬼饮食"烤椒盐粽子却直到今天还是一个空白!

再说回去,旧时售"鬼饮食"者,有提竹兜卖卤鸡翅膀、鸡脑壳的,也是在打二更时方出现在街头。它一般是对准那些戏看完后的女宾兜售。只有当把戏园子的买主卖完时,它才去到"售店"向瘾哥进攻。这种"鬼饮食",卤味浓,香料也放得重,故能发出奇香,一般要卖到凌晨以后才从售店出来,并沿着行人道上铺面走,嘴上还悄悄地发出一短一长的卖叫声:"买——鸡翅膀呀","买——鸡脑壳呀",卖者往往把卖叫声音压到8度以下,这是为了不在夜深扰人清梦,但又不甘心放过店铺里那些个爱找"鬼饮食"吃的"夜猫子"。卖者当然知道哪几家店铺有他的"熟买主",当他把卖叫声压得更低(几乎贴到铺面铺板)时:"买——鸡脑壳呀",店铺内便会反馈发声:"拿鸡脑壳来!"于是在稀开了的铺板门缝内外,完成了一桩"鬼饮食"交易。

还有那些烤叶儿粑的,原以安乐寺(今红旗商场一带)茶铺为据点,一到夜深就从据点出发,分兵四出,手提铁皮小圆锅,一面是铁皮小炉,几个甜咸异味的叶儿粑在猪油中熬煎,用铁铲不时翻腾,一则防焦,二是使猪油在熬煎中发生香味。这种东西,比一般的叶儿粑小,然而问题不在大小,在于油煎时那诱人的香味飘散在子夜时分,若此时是在戴望舒写的"雨巷"情景中的话。只在咬一口热漉漉的叶儿粑,倒上床去很快就眉闭眼合了。不可小视,这才算是小吃艺术之魅力所在,它在深夜解决了肚子有点饿的"问题"。来点恰到好处的小吃,使您马上感到最大的满足。

一位70以上的老人,川西有名的川戏鼓师何少泉之公子何以匡老先生,50年前曾在成都春熙路大商店"协和"当店员,他说,旧时的"鬼饮食"常使得他们在打过三更上床快入睡时,闻声又爬了起来,稀开门缝,伸手买回一包"娃娃花生米子",又酥又香又脆,每包200文,价廉物美。若现吃现哼上两句,那乐趣、那情景、那口福,真是不摆了!

更阑夜静,还有敲当当卖卤帽结子(小肠打结)和肥肠头头夹锅魁的;敲竹梆梆卖马蹄糕、酒米粑的,热烤热卖,这些"鬼饮食",在严寒的深夜里,花钱不多,却可以温暖人心,也正是这些带有普遍性的平民小吃,对低消费者说来,实在是不可须臾离之。而今眼目下,高消费发烧发热,归根结蒂只是少数人的事,至于广大人民群众生活的必需食品,那总得要想法去解决、满足才是,否则,两极分化魔术匣子的幽灵将会出现。"鬼饮食"虽系小吃,但它的涉及面宽而广,鲁迅先生早说过:资本家不会想到捡煤渣穷苦人的生活(大意)。这不是杞人忧天,国外舆论已有报道,别人倒把我们的弊病看出来了。

学道街东口行人道上,每晚邓抄手要卖到12点以后,抄手皮薄,浇红油,撒花椒面、冬菜末,再加葱花,外挑一撮猪油(内夹杂炸酥了的油渣）。在隆冬的深夜，来这样一碗热腾腾的抄手冒饭，可谓"万物备于其中"了，它给城市居民在深夜寒风中带来多少温暖啊！书院东街口王鼎新的牛杂碎要卖到半夜3点过，唱完板凳戏的川戏玩友们，都要去吃了牛杂碎汤，才满足而归。黎明前人们还听得到卖梆梆糕的叫卖声，还能看见烤黄糕的在等待着"风雪夜归人"。那时候造币厂、兵工厂的工人正是他们的买主。记得许多年前的一个深夜时分，偶然收到广播里在播送成都市曲艺演员程永超说的评书，当时竟有些不解。后来才知道那是专门说给"三班倒"上夜班工人听的，我当时就感慨：这是想得周到的广播。而转回来再说，"鬼饮食"（在这里暂沿用这个词儿），不仍然是可以为他们服务么？

深夜，在那些走街过巷的"鬼饮食"中，使人难忘的还有：卖香油卤兔的、卖卤肉夹锅魁的、卖红油肺片和油酥麻雀的……哎！实在是妙不可言，好，不摆了！

成都花会、灯会中的小吃

　　成都花会、灯会的小吃，除成都市的名小吃外，也包括成都附近各县的名小吃。利用地方土特产精制的各色小吃，色彩斑斓，花团锦簇，风味独特，美味可口。有强烈的地方色彩、浓厚的乡土气息。况在春光明媚时刻展出，眼福口福，相得益彰。

　　名小吃之名，由来已久，它是经过时间的考验、群众批准，按照它的传统制作方法，凝聚许多高手的聪明智慧，收到点铁成金的效果。它也有发展，总是同人们的口味那样合得来，使人入迷，甚至远隔重洋的游子，有时也想入梦境中去了。

　　过去，每当花会会期（农历二月），青羊宫、二仙庵（今文化公园）凉粉摊子上，总配合有打锅魁的，手艺熟练的师傅，头缠青纱帕，腰系蓝色家机布围腰，大襟大袖衣装，脚穿线耳子草鞋，仿若《草莽英雄》里的打扮。拿起擀面棒，在案板上啪啪叭叭地打出长短间歇的节奏，目的在制造卖锅魁的气氛，因为有音响，才能以广招徕。左手捏面团，右手拍打，捏匀称时，擀面棒急打——"嗒嗒嗒嗒——砰"的一声。这最后一声"砰"，乃是将捏在手中之面捏成圆形后向案桌上压下去，发出一个柔中带刚、刚中带柔的悦耳之声。一长串的凉粉摊，加上配套营业打锅魁鞭炮似的声音，你的肚子有些饿了，来赶花会与灯会，你荷包里也准备有花上几文的小吃的零用钱，由拍打不断的声音，使你想到才出炉子热腾腾的锅魁夹凉粉，那味道是如何诱惑人！何况花钱不多，你的唾液涌出了。再省一点，才出炉的白面锅魁，回甜而有面香，这种素味的美好，不是其他美味可以代替。近年来花会上出现彭县军屯"味不同"的酥锅魁，由李氏父子同台献艺——打锅魁，烤出五香鲜肉酥锅魁和千层盐酥锅魁，既香且脆，进口化渣，很吸引人，算是近年来创新小吃中的佼佼者！美学家王朝闻前年来成都，早上出宾馆去找小吃，突然看见很久不见的锅魁，买了来吃，但马上使他失望了：他听不到那打锅魁的声音了。尽管有擀面棒，也仅仅是擀面而已，把它的功能减了一大半，过去那种带有强烈节奏的拍打案桌声消失了。使他联想到花会上的声音效果，又联想到川剧锣鼓那种独特的打法，也使他悟出一些有关美学上的问题来：不要小看擀面棒的节奏，它是打击乐里一个分章——案桌上的音乐节奏，它对制造现场气氛，在色香味之外平添音响效果乃至情趣、地方情调特色等等，应该说是合乎美学原则的；一旦没有了，艺术上的完整性也破坏了，何况音乐又最能惹起人的过往情趣。这一早他把锅魁捏回宾馆，若有所失。当天他飞回北京了，可是宾馆里招待员却在抽屉里发现一个锅魁，一口也没有咬，原封不动地放在那里。——美学家认为在特定环境下缺少完整性的美，是遗憾的，甚至是使人不快的。遗留下锅魁的完整性,丝毫无补于打锅魁整个过程中的不完整性。

饮食烹饪是一门艺术,有它自成体系的完整性,是不能轻易排除的。比如拼盘,就有"九色攒盒",整个席面就是一台讲究饮食艺术的场合、场面,不能小看。宴会席菜,不管规格大小,档次高低,是体现烹饪水平和表现烹饪文化的重要方面,它的艺术上的完整性是可以分析的、可以研究的。目前在提法上有好几种,有的提出"烹饪美学",有的说是"烹饪艺术",有的谈到"辩证法"上去了。美学家洪毅然认为:"烹饪属于实用美学,主要用口而不是其他。"他这个提法并不排斥工艺菜,但不赞成走形式主义,去搞花架子。工艺菜走形式主义就会远离实用主义,会搞到什么仅仅观赏的造型艺术方面去了。事实上,今天有一部分青年厨师,就有这个倾向。所有各个不同提法中,都没有对工艺菜有决然相反的看法,只不过提出要分轻重,按烹饪本身艺术规律办事。

1988年2月四川省第一届烹饪技术(旭水杯)比赛大会中,《评判质量标准和扣分办法》中有"过分装饰、喧宾夺主、因摆弄而影响菜点质量的酌扣2—7分"。一再说明"以味为主,要求好吃,不能只求形式上好看","反对片面地追求好看,搞花架子,华而不实"。

回头再来说锅魁,也是多种多样,有白面、混糖、夹糖、椒盐、油酥、葱油等;形式上有牛舌头、方形、三角形、圆形。有一种黑面锅魁,如粗壮之大汉,用麦麸子磨成黑面粉,较粗糙,但它的堆头大,里面夹豆瓣、盐菜,外地来赶花会的农民,吃上几个,花钱不多,却能果腹。它的营养价值高,类似西餐上的黑面包。质地较高的油酥方锅魁,烤成外黄内酥,成若干层,吃时香脆,和洞子口的凉粉一起在小桌子上吃,别是一番风味。解放前在荔枝巷、南暑袜街口的钟水饺,就附有这种小酥锅魁,在吃完红油水饺时,用它蘸碗底剩下的美味红油,满口入味,丝毫也不浪费,这种配套的做法,值得大大提倡。试看今天提督街口的钟水饺,每天食客川流不息,剩下的红油作料,拿大桶装,但人应吃而未吃完,又没有采取过去的好办法,浪费太大!

凉粉摊子在会期中,摆成连营成阵,煞是热闹,不断地打锅魁,以壮声势。"洞子口"的凉粉,用的蓝花碟子,中间略带拱形,上放用刀切薄的荞、白两种凉粉。荞凉粉呈深绛色,配一串白而发亮的白凉粉,色彩上的对比,给人感受上很舒服,目的在勾人食欲。然后再用小碗放入极富魅力的作料,调和以成都特产的红酱油、熟油红海椒等。熟油当然要数川西平原上的菜子油最香,色泽黄亮,煎熟油最理想。花会凉粉、凉面摊子上,摆一排江西瓷蓝花的大品碗,煎满川西菜油的辣红油,内放几个大核桃,红亮亮、油浸浸几大碗,给人感受上很舒服,且莫说进嘴了。这种川西平原上的菜子油,远非花生油可比,成都人是吃这种菜子油长大的,他离开成都到其他的地方一尝花生油,比较之下,自见高低。

凉粉的花椒,当着食客面前,放在木制的"莫奈何"(木质的小磨,花会上也当做玩具出卖)内,几擂挤碎,然后放入作料中,哪怕赶花会的人再多,"打拥堂"时,照样擂碎,一丝不苟。

还有一种旋子白凉粉、煮凉粉，把黄白凉粉切成小方块，煮在温水锅里，捞入放好作料的小碗中，外加一撮切碎的芹菜花，撒在上面，使之分外生香生色。这个民间小吃的做法，被当时荣乐园、蜀风名厨曾国华采用，制作了白凉粉加芹菜花烧豆瓣鱼。这款佳肴已驰名全国，遍及海外了。灯会、花会少不了"张老五凉粉"。张老五弟兄三人，成都老西门外洞子口人。他卖的凉粉，都是自己精选材料制作出来，他的黄凉粉筋丝特别好，入口有柔劲，食客们形容它"肉嫩嫩的挨得起刀"。这样形容，有点铁成金之妙，既说出它本身的嫩，毕竟还是凉粉，凉粉当然挨得刀，可偏说它"挨得起刀"，似乎它有一股子柔中带劲，嫩中带刚。看来善吃者首先要知味，其次要善品，品得恰到好处，袁子才在这方面功绩多了！

青羊宫的三清殿，但见一排长黑漆桌凳，上张蓝布大伞，那里是崇庆、双流的荞面阵地，各设岚炭汤锅，锅架上特设有压荞面的模子，来一碗压一碗，压得模子、模架子轧轧有声。煮熟后捞入碗内，浇上猪、牛肉绍子，分甜酸、麻辣、红油、清汤等味。另有一种素荞面，切小颗笋子配作料，这个素吃来源于农历九月初一到初九的九皇会，那时有的馆子全部卖素食，换换口味。还有鸳鸯荞面，加水粉，以崇庆县两江荞面最受欢迎。这种荞面在什邡的马井乡一带，它的压模比担子上的大若干倍，放入荞面后，人要站在压模上使尽腿力压下去，发出木压之声更大，当是压吃面中有声有色的雄壮场面。它的绍子全浸在大钵子红油中，色浓味厚，如要"红重味酸"，必然得到包白帕子跑堂的回答："招呼哪！红重味酸的到——"声音清脆而有力，这种跑堂的音响效果，又会影响到好多买主坐下去喊"再来一碗"。什邡这种顶大的用脚踩的荞面压模架子，在别处尚未发现，以其形态笨重，也从未来过花会。解放初土改时在什邡马井一带还见过。

青羊宫老君殿降生台两侧，有专门卖红糖心子的粉子泡泡汤圆。这种比较原始做法的汤圆，在乡下很流行。心子一般是红糖，包好后放入笋筛米粉中滚来滚去，一面洒水，像滚雪球一样，使其越滚越大，大于赖汤圆、郭汤圆一倍以上。煮在大锅里又有所膨胀，四个一碗，足足可抵花会上有名的"三大炮"一盘，一碗分量可当一般汤圆一倍，价廉物美，最为各县来赶花会的欢迎。其中还有个原因是：来赶会的农民走了几十里，走得口干舌燥，吃一碗粉子泡泡汤圆，可以坐下憩脚，吃完可以添煮汤圆的水，无限供应。

最有特色，引人注意的是打得乒乒乒发响的"三大炮"。最初"三大炮"的出售形式，是将装一个大锅的糍粑放于右手，下面有炉子保温。来客一位，由操作者用手挑一些油脂在手心内抹擦，然后以手去扯糍粑，按每人分量，将糍粑分成三大铎，丢入中间一个抹了油的方掌盘。中间留出抹了油的"通道"，两边则堆放黄铜食盘（不用陶器，防打烂），糍粑经"通道"将黄铜食盘震动发出声音，同时也将方掌盘震动得发空响，声若放炮，这种音响效果称为乒乒乒"三大炮"。最后滑入一个大簸箕内，里面装了打磨细致的、营养丰富的黄豆粉，糍粑下去，由白裹成黄色，最后将三个"穿了衣"（黄豆粉）糍粑，放入黄铜盘子，浇上红糖水，完成"三大炮"的全部过程。

"三大炮"实际上就是"红糖糍粑",人们不喊"红糖糍粑"而喊"三大炮",是抓着它的特点:乒乒乒3次响声——音响效果。

商业部在1986年12月举办第一次全国名厨表演,最后评定由王利器、溥杰把关。评定标准是:①色、②香、③味、④形、⑤声。——这个"声"很重要! 在国际烹饪比赛场合出现了新奇的事情,在盛菜的盘子底下安放有微型的录音机,可以测出有声音的菜多少分贝,记录下来,作为评定标准中之一项。在卢森堡国际烹饪比赛中,辽宁烹饪中的"声"就夺得第一,四川重庆代表第二,是锅巴肉片。最突出的是四川泡菜、泡子姜,吃时就发了声,当然就被微型收录机记录下来。科学方法的进步,也促使烹饪技术上的进步与提高,它能微察秋毫之末。我们菜肴中发声的菜可多了,如火爆、软炸之类,小菜中的凉拌菜等,小吃中的油炸如麻花、馓子等等。

以糯米做的小吃,在灯会、花会中牢固地占有它一席地位。如糖熘糍粑,一个大油锅,糍粑下去与油锅粘连,本身糖衣也就在滚油中穿上了,它是腰圆形。另外一种做法是将糍粑捏成圆形,称为"糖油果子",在它的中间加一些豆沙,就炸成"灯盏窝"或窝子油糕了。糖油果子可以用一根竹签子穿起边走边吃,方便游人,看八角亭上灯火辉煌,二仙庵前火树银花;彩虹流霞,耀白日之辉;异光变幻,娱永夜之乐。春节中曾去看过驰名全国的自贡灯会,美则美矣,只是缺少小吃一项。自贡小吃在川中是异军突起的一杆旗帜,有其传统的地方风味,那种季节性强,人口众多的地方，是万万不可少的。

花会上使人难忘、在今天已经消失的是溜煮炮红苕（红薯），选红心子南瑞苕，大小匀称，每根四五寸，去皮排列于大铁锅中，溜以红糖、糖清、清油，使其满锅红苕色彩红润发亮，如玛瑙排列；入口细嫩而甜，似冰糖肉泥一般，当是所有红苕做法中最高级的一种。常有花会餐馆来端红苕去上席，是食客们指定要这样小吃，也算是上席菜了。与珍珠圆子、三合泥媲美，但是它是素食，尤为不喜油荤的人所偏爱。

面食类具有完全地方特色的是甜水面，名列前茅；其次红油素面、碎绍面、担担面，还有一种豆花馓子面，外加酥黄豆、大头菜颗子。老早是从嘉定（乐山）传来，因它调料别致，很快就在成都传开了，成都人给它加了工，再加点油酥花生，撒点竹筒筒里的花椒面，起到画龙点睛之妙。如花会在农历二月十五日老君会后天气渐热，就可以在花会尾期吃到应时的酸菜绍子面、清汤金丝面了。

在冷食凉拌摊子上，兔肉夹锅魁最受人欢迎。兔肉用手撕成丝子，外切细葱丝，调和有豆豉、熟油辣子、花椒、味精、香油，凉拌好夹入锅魁内。兔肉本身带有它的肉香味，加上均匀的调和，加工又较细致，赶花会的人一手执五色纸做的风车，车在春风中荡漾，一面吃着味道鲜美的兔肉夹锅魁，看花看人品味，"此情可待成追忆"。这样美好的成都小吃，30年来，烟消云散！在此恢复名小吃中，应当使之早日复生，重放异彩。另外卤肉夹锅魁也是方便大众小吃，农民食客多要求夹肥的。这种小吃已恢复,在盐市口东御街直对一家小食店出售,但做法小派,锅魁也小,似嫌不足。

花会上有外县来的油炸焦粑,较小,以葱及猪肉心子为馅,不及走马街聋子的牛肉焦粑加工精细,受人欢迎。1934年花会上(13次劝业会),它同外地来的腌酱菜猪肉心子打几个回合,弄得平分秋色。推其原因,小吃与原材料关系很大!那年有21个县来赶花会,陈列了26个酱腌菜品种,各显神通。最后发奖给14家,得奖的酱腌菜打入成都焦粑。不知什么原因,后来这种焦粑未在市上见到。几年前在眉山县西街还见到一家,买来再行品尝,心子还是少了,一切皆粗糙。以后的花会中也见不到了。有些好的小吃,再不抢救,真要成《广陵散》了!

青羊宫山门有小笼蒸牛肉,加蒜泥、芫荽、花椒面、辣椒面,放在盘内,由食客自加,以选材不严格,牛筋未去,不及城内治德号。但味道、火力还是不错。过去有去延安的同志说:"就是想吃笼笼蒸牛肉呀!"解放后从另一同志得到证实:吴雪一到成都就要求吃笼笼蒸牛肉。花会上还打有小白面锅魁,放于炉子周围烤起,用它夹蒸牛肉,也应算是蓉城"小吃一绝"。

还有一种摊摊小吃,小朋友最喜欢,就是巴掌大的"小春饼",内包粉条、红萝卜丝、白萝卜丝、石花、莴笋丝等,裹好后,一刀两切放在小碟子里面,放上酱油、蒜汁,抹上芝麻酱;另有小小竹筒,放于醋碗中,方便小朋友。最能引人食欲的是加上芥末,吃进嘴一股冲天劲,如吃家常冲冲菜,得到异样感受。因为有异样感受,大人们也站着去吃了,这样老少皆宜的小春饼平时多在中小学门口出现，小吃也有他的小范围，对象也不同。方便顾客，主动送货上门，那深夜还在街上敲梆梆卖马蹄糕的，今天看来，令人肃然起敬了。

花会、灯会小吃所用材料，主要是来自成都平原上的油、糖、酱、醋、肉、蛋、面、糯米等土产，并没有什么名贵的东西，全靠精工制作，化平凡为神奇，使人吃后难忘，且价廉物美，得其实惠，不但本地人爱吃，外省人也喜欢。陆放翁有诗为证："老子馋可笑，珍盘忙少城"，就时令说，也正是"二十里中香不断，青羊宫到浣花溪"的时候。近人黄炎培诗："小小商招趣有加，味腴餐馆涨秋茶"，味之腴的雪山大豆炖肘子吃腻后，再到涨秋茶馆去泡碗三熏黄芽的成都花茶，小康小吃，为人若此，庶乎近焉。

竹林小餐的白肉

　　成都人有这个说法:"竹林小餐二分白肉,两个人去吃吃不完。"竹林小餐白肉之好,已四远驰名,它的这样菜是好而麝,两个人去叫一小盘白肉(二分),也只有几片,如遇吃剩下的是奇数,这最后一片谁也不好意思下箸去拈,所以说吃不完。这说法在于一个"麝"字,东西只要好,少而精,正是它的精妙处,越精越麝,越有人吃。敲竹杠嘛,只要好吃,一个愿打,一个愿挨,也就各得其所。农历二月间成都赶青羊宫花会时,洞子口的凉面,那不是抓得很少几根绿豆芽,放于碗底,然后抓几根数得清的凉面,一根根地盘在上面。抓凉面的做得很吃力的样子,将牙关紧咬,腮帮子肌肉不断咬动,表示用劲于几根凉面之上。作为舞台演员,倒是很好的"表情种子",惟其有如此精彩表情,也许目的在刺激人的食欲,于是使赶花会好找小吃的人,趋之若鹜了。当年听周企何转述一个故事,说一个找小吃去吃麝味凉面,对抓凉面的说:"你很像我家幺舅,可惜他死了!"见抓麝味凉面的人不解,旋即说道:"因为赶花会好赚钱,凉面抓得更麝,赚了大钱涨死了。我那短命的幺舅啊!"

竹林小餐白肉究竟好在哪里呢？第一好在选材，与他上脚货的，每天准时给他上好猪肉。这猪肉不肥不瘦，精选皮薄质嫩，皮肉肥瘦相连，肥少瘦多，专取"二刀肉"与腿上端一节"宝刀肉"。脚货是东山一带的乡贩子运进城，再由"乡腿子"运送饭店，形成一种"长私交"的关系。

"上庄货"好肉进了竹林小餐，又再从中去其骨筋次品，最后剩下精华部分，放汤锅中煮到半熟。在此时要拿稳火候，多一分太死，少一分太嫩（这个嫩是不成熟），要及时捞起漂（去声）冷，然后再捞起来整边去废。根据猪肉大小、方位，切成长方形肉块，再放进汤中煮它一定时候，捞起放入清水中漂冷，使其冷透过心。两煮两漂，达到热吃热片的地步。不过，竹林小餐的肉是当家王牌，与叶矮子斋的辣味排骨是"看家菜"，每天到"拥堂"时，来不及热片热吃，只好现片现吃，但仍是无上佳味。这个佳味到今天还没有哪一家馆子能及得上，更别说那种热片热吃了。专门吃竹林小餐白肉的食客，是事先约好同道，趁"吊堂"人少时，去向堂倌先打招呼，也由熟人去厨上打个照面，寒暄两句。那白肉片得来如牛皮灯影那样薄，皮子肥瘦三块相连，透明度高，平整匀称，然后用德阳或中坝口莱豆油蘸上，和以红油、蒜泥，那真是达到食的艺术最高标准了。三十几年来还没有超过这个水平，其故何在呢？问题首先在选料上，乡贩子到"乡腿子"上脚货的这一帮人没有了。现在是有啥做啥，有啥吃啥，铁饭碗铁面无私，就用不着说下去了。何况，片白肉还要有一套坚实的、过硬的刀功和技巧，更要求有认真的工作态度。

薛祥顺与麻婆豆腐

薛祥顺是成都北门外万福桥南岸陈麻婆老店里面一位红锅上掌勺儿的师傅,人高高长长的,长方形的脸,有些清瘦,是一位埋倒脑壳只知道做活的"帮帮匠"(受雇于饭馆当个工人)。诚实朴素,很少言语,农历十月初一北门城隍庙会期,成都已开始冷了,而他还是一双线耳子草鞋,永远是那件油腊片的蓝布衣裳。这是20年代陈麻婆饭店薛祥顺的形象,以后几十年见他,从外形上看,好像变化不大。

我什么时候认识他,已记不确切了,但有一点还记得起来:是20年代下半期,我有几个好吃同学,经常一起去吃陈麻婆"打平合"。我们是从新东门出城,沿护城河,过猛追湾,经过一些乱墓坟的荒地,秋天芦苇成林,藕荷色的芦花像掸帚子一样随风飘动,沿着高大的城墙,那时是很完整的城墙,再经几弯儿转,到了大南海,北门大桥的十八梯,向西沿木厂就到了万福桥陈麻婆豆腐店了。

于是我们分头去割黄牛肉(成都人不吃水牛),打清油、打酒、买油米子花生。牛肉、清油直接交到厨上，在牛肉里加上老姜，切碎。向薛祥顺师傅说明几个人吃好多豆腐，他就按你的吩咐做他红锅上的安排。

麻婆豆腐店里双间铺子，方桌长板凳，与一般饭店一样，很简陋。从这里过万福桥向北走，是与去新繁、彭县的路相接，虽是小路，往来人多，也是鸡公车的往来道路。

每次我都要看薛祥顺师傅做麻婆豆腐，看它的全过程，我也回家试验，我的作料比他的更齐全，但没有一次做的所谓"麻婆豆腐"达到薛祥顺的水平。为什么？火候二字也。火候二字可以写一本书，况前人也叙述不少。从严格的意义上说：就今天国营陈麻婆豆腐店做出来的麻婆豆腐，也不同于过去薛祥顺的亲手做法了。那时是黄牛肉熠豆腐，现在用的是猪肉，大异其趣，那种黄牛肉熠出来的香味消失了！解放后，1957年它迁到北门大桥下簸箕街右手边，打的招牌是"公私合营陈麻婆老饭店"。8月搬到梁家巷二道桥，以后迁到西玉龙街（请李劼人、余兴公写招牌）。任你东迁西搬，熠豆腐没有用黄牛肉，等于失掉灵魂。解放以来，去吃麻婆的人无从比较，猪肉也熠了三十几年，人们照吃不误，麻、辣、烫、酥、嫩，虽是大锅做法，仍然可口，不管怎样，没有别的可以代替，坐下就吃，来得爽快利落，价廉物美，况它保持麻婆豆腐的基本要素，仍然展示出川味川菜的特点特色。

文学上有比较文学，品味上无比较品味学，这个差异对进馆子去吃饭的人来说问题不大，甚至没有问题，无从比较。但是站在烹饪技艺上看来，我仍然坚持我的看法。

薛师傅燸豆腐的先后程序我看的时间较久，至今尚能清楚记忆：他将清油倒入锅内煎熟（不是熟透），然后下牛肉，待到干烂酥时，下豆豉。当初成都口同嗜豆豉最好，但他没有用，陈麻婆是私人饭馆，没有那么讲究；下的辣椒面，也是买的粗放制作那一种，连辣椒面把子一齐舂在里面，——只放辣椒面，不放豆瓣，这是他用料的特点。解放后加了豆瓣，正如走马街聋子焦粑，解放后加了点豆瓣，连名字也改成了"烧饼"了。我在成都生长，儿时看川戏起从海报上、报纸上、文字上看到的康子林，解放后有人要标新立异，硬写成康"芷"林，大概也算是成都"烧饼"派吧？

然后下豆腐：摊在手上，切成方块，倒入油煎肉滚、热气腾腾的锅内，微微用铲子铲几下调匀，掺少许汤水，最后用那个油浸气熏的竹编锅盖盖着，在岚炭烈火下燸熟后，揭开锅盖，看火候定局：或再燸一下，或铲几下就起锅，一份四远驰名的麻婆豆腐就端上桌子了。

为什么它的好吃又超过今天陈麻婆豆腐店呢？主要原因它是小锅单炒，那些大锅"大伙庄稼"自不能与小灶相比；其次是在吃麻婆的人，清油要自己去买，有经验的顾客，总是多买清油，豆腐以油多而出色出味，这是常识了。虽说是常识，也有那种莫里哀的"悭吝人"，处处打小算盘，少打了清油，巧妇难为无米之炊，你能怪薛祥顺么？"食不厌精"，在于精到，要动脑筋，不在于山珍海味。

从万福桥头的陈麻婆到国营陈麻婆饭店，几十年来，不断在

变，但万变不离其宗，所以它有生命力。日本有一种罐头，也叫
"麻婆豆腐"，70年代在成都市场出现过。打开罐头，下面用火
点燃，上面的所谓麻婆豆腐可以热吃。罐头本身具备热吃，玩意
儿很新鲜；打的名牌，又可号召，会动脑筋，会做生意。但是，完
全不是麻婆那个味道，无以名之，以后就再也不见了。也许它还
可以赚得没有吃过陈麻婆豆腐的人几文钱，如斯而已。烹饪饮
食，作为一种艺术看，艺术的生命在于真实，虚假的东西是没有
生命力的。在求真、做人上，使人难忘的是薛祥顺师傅。最使人
难忘的是，20年代我在万福桥看见他在红锅上用的一把小铲子，
见方两寸多，被他经年累月炒呀铲呀！使用得只剩下2/3了，铁
棒磨成绣花针，绳锯木断。在那艰难的岁月里，薛师傅啊，你不
知度过多少难挨的生活与时日？在秋风飒飒冻裂皮肤的寒冷的
日子里，你那双破烂的线耳子草鞋，单薄的蓝布裤子，清瘦的脸
孔，逝者如斯，万福桥下的流水——

　　解放了，你的手艺传授给下一代。在西玉龙街陈麻婆饭店
又见到他，在自己的工作岗位上，一个永远沉默寡言，埋头实干
的人，值得尊敬的好师傅。我每次吃完时，都想去招呼他，但总
看见他太忙！油烟呛着他那清瘦的脸，我实在不好再去给他添
加一丝儿麻烦了。我们也会过面，是在他休班时的茶铺里头，他
向我谈了他的身世，他把他的照片送我。

　　困难三年中，我很少进馆子。一则没钱，二则怕见熟人。彼
此都弄得很尴尬了，在那朝不虑夕的日子，何苦去给人添加麻
烦。有一天下午4点钟左右，我同一位老友进到陈麻婆饭店，那

时候是馆子"吊腰"的时刻,人较少,凑巧我们彼此看到了,他招呼我进到后面一间窄窄的屋子里去,很快地给我炒一大份鱼香圆子来,困难三年中哪去找什么鱼做圆子啊?拈一块进嘴,却原是土豆做的鱼圆子,加上家常鱼香味,在那样极其困难的条件下,薛师傅不说一句话,就为我们弄了这一份好菜来,感激得难以言语形容了!扬琴里的《辞剑浣纱》、《伍员渡泸》,川戏里《漂母赠饭》等情节也浮现出来,"呜呼,士穷乃见节义"等句子也脱口而出。

薛师傅1973年病逝。离开我们三十个年头了。停笔默思,他就在眼前。

家常味

家常味的特点:主要在于味,讲好吃,吃得香,不大讲究形式与色彩。家常菜又多为家庭主妇亲自出马,她们最讲实惠,那种华而不实的烹调方法,上不了她家的手。家庭主妇占据的是她家的灶头,从烧柴、炭、煤油炉到今天的天然气,乃至电炉,仍然是一家一灶,供一家人吃食,面积不大,容量有限,一切从家庭小打算、小经济出发,纵然弄较为珍贵的银耳、燕窝,也还是只有那么一碗一盅而已。它是食中之小道,要求少而精,避免浪费。以薤菜为例:刚上市嫩叶与嫩秆同吃,煎好清油,放点盐,一齐下锅,方便利落。稍讲究一点,先在煎油锅里放点碎海椒,刚煎出辣椒香时,倒下薤菜便可。

老一点的薤菜,先吃叶子,余下家庭主妇办法较多了:薤菜秆子切成一环环小节,放点豆豉,切碎一些新鲜红海椒,合而炒之,那是下饭的好菜,味微辣而厚(豆豉味)。薤菜本身有一种脆香,这个"脆"其他蔬菜秆子中少有,因而被利用起来。君不见垃圾堆中也常抛丢薤菜秆吗? 比较起来,那是浪费,是不懂吃的人的愚昧。把蕹菜切成小方碎块(如黄豆大小)和切碎的新鲜辣海椒同炒,有一股新鲜辣味,休嫌小道,却是"风景这边独好"。节约的家庭主妇还将蕹菜切成寸多长的细丝子,再将豆豉切碎,合而煎炒,又是一种味道。蕹菜叶子打汤、凉拌、炒烩面等等,"物尽其用",家家菜谱中应占一格。热用炒、烩、煸;冷菜先汆煮,拌成姜汁、麻酱、芥末、酸辣、红油、麻辣、芝麻等味。对于汆熟后入菜,一般家庭主妇还将极其可贵的蕹菜汁去掉,为了保存菜中营养,还是以不去其汁,不汆熟吃为佳。古人称蕹菜为"南方奇蔬",含营养成分高,每百克含部分蛋白质 2.3%、脂肪 0.9%、糖类 2.1%,维生素 A 含量尤为丰富,高达 4200 国际单位,所以说不可把菜汁去掉。同样,凉拌莴笋叶也不可去掉菜汁,汆过再用,营养去掉了。

葵菜(冬寒菜)家常做法,有一种是煮稀饭,方便受吃(它曾使远离四川的老乡,想得做梦)。葵菜的嫩苞及叶先在锅里以酱油炒几下,不要太过,留个三分生,加米汤烹煮,待熟下食盐合度,煮熟,色碧而绿,微脆带一股清香。害点小病吃两碗冬寒菜稀饭,首先使你肠胃舒畅,可得清心爽怡之效! 在一些草药书上也记载着:"宜脾、利胃气、滑大肠。"

再以茄子吃法而论,茄帽子(蒂)可以切成小条块,和茄皮在清油锅中干煸,加上食盐,不再加其他调和,大热天和稀饭吃,也是一种口胃上的清福。茄皮干煸或红烧鳝鱼,在家常菜做法中,那不是一般馆味、厨味所能及的,它的妙处就在它的"小派",或"小里小气的"。小得精致,进口就是家常味,界线分明,毫不含混。过去成都饭馆有一种凉拌鱼香味的茄子，很好吃而又送饭，可是，到了家常菜，它就不凉拌了，必在锅里炒熟，和以同样作料，凉冷再吃。加热转凉、转凉加热，家庭主妇就有她们那一手。再如苦瓜，炒好晾冷吃，又是一番味道。这种方法很简单，但就是馆味厨味办不到，办得到也不会白费时间。

特别是家常味的"温火"，又称"微火"、"文火"，农村里杀鸡炖于沙罐内，放在燃过的草灰堆子中，将沙罐口用青叶子包好，然后泥封，埋入草灰中，二三个小时取出，首先闻到的鸡汤香味，这是汤味中的一种真味，鸡香的本味，不加任何作料（包括常用的姜、葱），全用白汤出之。这种本味白汤（又称"原汤"），不失其纯真，那是汤中之上乘，回味厚而浓，它是一种独立的品格。诗人木斧赠笃信佛教的女作家何洁："兰草园中你是一盆雪兰"，"罐罐鸡汤"庶几近之。如它放了盐，那就不是兰草园中的雪兰，而是泉州纸花厂做的"雪兰"了。

最能代表家常派的温火是"五更鸡"。用竹箅编制一竹罩子，下放清油灯盏窝，燃幽幽之火，这种灯盏窝在佛堂前还可看见，不过，它将在家常菜中排除出去，烧天然气、电气化炉可以调整喷火口到豆大火口，可以代替用了好多世纪的灯盏窝了。（油糕中也有名叫"灯盏窝"的，那是油炸的糯米粑，形若灯盏窝。）这种"五更鸡"煨银耳、燕窝、鸡汤、海参、红烧牛肉、蹄筋、护膝最好！好到炪和、柔嫩、化渣、粘牙的程度。炪也是吃中美味之一。它温柔而细腻，尤为老年人提供方便与享受，好似舌的恋人。炪得进口化渣且在咀嚼中粘牙，极口福之乐无过于此。李劼人说：

"如做笋,馆派则难免加上一些二流芡;厨派不用芡,但必须漂之至白,以取其悦目,淡而无味;家常做法,乃保持笋之真味。"真味是什么?如苦笋,出土剥去其毛皮,以新鲜猪油炒之,放入少许盐,保其真味,留其苦味。苦味是菜中之鲜,如贾岛诗的苦与涩,要慢慢品才能体会笋中之苦,才是至鲜至美的好味道。"待得余甘回齿颊,已输岩蜜十分甜"(东坡诗),有鉴果回甘之妙。

家常泡菜之好,那还用说吗?姑姑筵的泡黄瓜,当时卖到5角大洋一碟,那泡法也是黄家家常味。李劼老的"小雅",也以泡菜出名。

家常味中有凉拌与熟拌,熟拌中的菠菜,熟到八分,去水(习惯如此,最好不去水,保持活鲜与营养)后,以姜汁带红油,加香油熟拌,要靠作料,扬州美食家吴白匋说:"成都是省会,各县名产的作料:自贡井盐、德阳酱油、保宁醋、永川豆豉等等都集中到这里,所以成都味在川味之中,精华荟萃,就更鲜了。"家常味之好吃,当然首先要保鲜。

原料的本味用白油和清炒外,一般都是复合的,故鲜味更浓、更厚,鲜得有深度、有渗透性。吴老风趣地说:"有人说,吃惯了川菜,再吃其他地方菜,都不鲜了。"这是经验之谈,并不是"冲壳子"(吹牛),我就有同感。

家常菜做法与馆味、厨味迥然不同。如熠鱼,家常味视鱼之大小而定做法,大鱼先下油锅,然后下作料,下料后,同鱼一齐熠好后放入盘中,将汁子浇上。鱼与作料下锅,几乎是同步,故能在久熠中入味。馆、厨味哪有那样从容不迫的时间,倘是席桌多，也就顾不得时间与味了。餐馆中甚至有这样的笑话：红白喜事几十桌，临时添客加席桌，清蒸全鸭上去上来上到最后一些桌次，上成半边鸭子了，或者干脆宰成海带鸭条上席，勉强凑数。一般客人食而不查，或纵有发现，也无人当场提出异议，加以制止。纵有海瑞公、包青天那样的食客，当场指出，上菜跑堂的也能善于对付，用各种消痰（谈）化食语言，堆上满脸笑容，卑微而恭敬地赔上一千个不是，也颇能使海瑞公息怒、包青天平肝。何况请来的海公、包公之类，均是主人请来的客，一定要公正不阿地闹了开来，在那样热闹的场合下，对于主客双方都没有什么好处。真的闹开了，全席桌的菜还未上完，坐菜还在后头，那岂不是首先给自己下不去。况同桌吃席的人，又不会是王朝、马汉，谁去听他呼唤？谁又去为半边鸭子的问题牺牲最后几道坐菜？在这样饕餮的场合，没有什么是非正义可言，众多的客人们是来饱口福，不是来为包文正公抬斧头铡刀的。这种事，只有出面与餐馆定席桌的人最清楚不过，当席开完后，算账时，定席的人与餐馆账房算账时，十分客气而态度严肃地向账房准确无误地指出：若干桌席上的半边鸭子，宰碎的条鸭，拿话来说。坐柜的当然逆来顺受，事实胜于雄辩，于是打了九五折；不行，再以九折计算，则天下太平无事矣。家常味吃席，绝对不会出现这样的场面，一则请的人吃饭，全在人情；二则自己过瘾吃好，客人也过瘾吃好，主客均安。馆子作假，有时是出于不得已，你要临时加客添席，他只有"麻渣"凑数了。蓝光镒告我：雪白的鸡汤不够了怎么办？马上放生猪油下锅煎几尾鲫鱼，火候到时，下几瓢白开水,一下子就使汤变成白色鸡汤了,照样上席,可以鱼目混珠。蓝老还引《随园食单》上说的"以南池之水,救北地之焚"的办法去完成急救。蓝老对于《随园食单》是很有研究的,当然他不是为了去"急救",而是为了"川味正宗"荣乐园的经营和对于川菜的研究。

新繁"何泡菜"

　　新繁县的"何泡菜",我是从成都著名评书老艺人何祉戡口中听到他多次谈及,而且在他说评书中,也引用过这位泡菜能手的泡菜秘诀,说得头头是道。何祉戡是新繁县人,对于当地生活,了如指掌;说评书又要积累生活素材,有时就能由他顺手拈来。他有一次说武松景阳冈打虎事前,武松先到酒馆喝酒,不服"三碗不过冈",抱坛大喝,一饮而尽。他说到喝尽了空坛子,是个上了釉子的好酒坛,于是引出了新繁有个"何泡菜",他的泡菜名满西川,遍及三巴者;乃是他首先要选好泡菜坛子,武松这个酒坛子正好送给"何泡菜"等等。总之,"无巧不成书"由他去铺张撺掇了,口头文学的宣传魅力,不亚于广告学。

　　这些年也不时吃到有名的新繁泡菜,也听著名川剧老艺人易征祥夸赞过。易老是位专尝泡菜的美食家,他赴宴会无论饮食再好,吃到最后他都要以吃泡菜压轴。如主人未备此菜,他回家都要从自己泡菜坛子中吃来补起。他说鸡汤下饭吃泡菜,比吃席还舒服过瘾。他对新繁泡菜评价很高，特别是热天吃稀饭，甜泡菜尤好！糖蒜薹、糖姜瓜、糖萝卜等等。家家都有泡菜，人人都会两手，但就不及"何泡菜"的泡得好、稳定、出香味，色泽好看。

"何泡菜"本名何子涛，是新都新农乡人，父母早亡，兄妹四人，他行二，以生活困难，日食难度，13岁就离乡出外拉车、挑煤，出卖力气讨生活。后来到新繁西门高房子饭店拜秦立琪为师，三年满师后留店做帮工，兼做招待。按行规招待必须兼做小菜及泡菜，从此，他与泡菜结了不解之缘。以二十余年经验，远近就教于泡菜名师名厨，并向川西坝内泡菜有名的人家去请教，广益多师，博采众长，经多次实验，成功地泡出具有新繁地方特色的四季泡菜。无论瓜、豆、花果各类蔬菜，包括它的根、茎、叶、藤，都可以入坛泡制，给新繁县饮食业，平添了一套比较完整、适用的精湛工艺，发展到百多个品种。当他用尽心血致力于泡菜研究有成就时，于1982年秋以脑溢血猝然逝世！

何子涛做泡菜，最注意选材，菜要坛子泡，首先是选坛子，以隆昌一带所产下河坛子最好，使用自贡盐，其他香料如八角、草果、三奈、花椒、胡椒、香菌等等，都按一定比例下料，要选上等的。宁缺毋滥。他经手做的泡红海椒，又叫"泡鱼辣子海椒"，这种泡菜的海椒，精选川西坝子上的"二荆条"，其中以丘陵地带双流县牧马山王家场的正宗"二荆条"海椒最好！王家场黄甲乡地区，年产量几百万公斤，供应省内外，远销东南亚。这种"二荆条"，色彩鲜红，油亮发光，吃辣味的感到分外舒服、痛快。所谓精选是要先选新鲜硬健、无虫伤压伤、茎柄不坏的小红辣椒，洗净后晾干水分、剪去把子，投入食盐溶化坛内。据说"二荆条"其果皮层内胎座组织，不仅富含辣椒芳香素成分和其他维生素，泡后逐渐软化，对佐味吸引强，不易散失。用鲫鱼与辣椒同泡，加上调料（干酒、料酒、醪糟、甘蔗、红糖、干红辣椒等），鲜如初摘，质地脆健、咸香味厚带酸，余味又回甜，可以长期保存。除"二荆条"外，邻县什邡的朱红辣椒、鲜红小海椒、金堂的高树辣椒、华阳的朝天子、大红袍等上货，都可选用。

鲜鲫鱼选定后，放在清水内养活一天，中换几次水，后用二道淘米水加盐少许调匀，将鱼放入，使鱼换肚子，吐尽脏物。约一小时，再捞出放入清水内漂透6小时，不去鳞甲，不剖腹腔，待水分干后与用布袋装好的香料、辣椒一齐下坛，与辣椒拌和匀称，然后盖上坛盖，掺足坛沿水，3到5天更换一次香料袋（避免香偏于一方一角），70天后便可食用了。如果还觉有很细微的异味，再泡到足一百天，待异味消除后，刚一捞出坛口，即可闻到辛辣鱼香的泡红海椒，直冲鼻端，入于神经末梢，由于条件反射，很自然地使人垂涎三尺了！

泡红海椒是川菜烹饪中必需的辅料，近年来远销美国、日本、南斯拉夫、泰国等地及港澳，年出口量达五千多公斤。

新繁泡菜分三大类：一、陈年泡菜，最长可达三年；二、当年泡菜；三、"洗澡"泡菜，最短只要两个多小时即可食用。味别分咸酸、甜酸两大类。

何子涛同名厨蒋树成共同研究制成"泡青豆",色泽青绿如粒粒翡翠,脆香适口,味咸微带甜酸,成为招人喜爱的当家品种之一。泡甜萝卜,色白微黄,甜咸鲜香,长期贮存,脆嫩如初,下天下稀饭最佳！1984年4月成都市饮食服务总公司在新繁饮食服务工作会议上,一盘光彩夺目,甜咸带酸的泡柚子仁赢得与会者一致好评。

新繁泡菜,工艺独特、做工讲究,何子涛等在置房、配料、出坯、盐水管理、装坛方法、香料使用、贮存时间以及盐水发生变异时的急诊救治方面等等,经过长期实践,反复研究(当然也失败过),形成它自己的风格:色鲜,味纯,质地细嫩,芳香可口,不变色,不进水,不走籽,不喝风。经卫生部门的检查,认为符合国家规定食品卫生的标准,且收入了重庆出版社出版的《川菜烹饪事典》,在"新繁泡菜"条注明:"新都县新繁镇饮食行业所制作的泡菜最佳,因其色泽美观,味纯正,质脆嫩,形似鲜品,风味独特,故称'新繁泡菜'。四川省在国外合办或技术服务的餐馆所使用的泡菜辣椒,多由新繁供应。重庆出版社出版的《川菜大全》丛书,其中有一本《家庭泡菜》,都是介绍新繁泡菜的技艺。"在成都市举办的首届城乡饮食业技术交流会上,新繁厨师代表表演制作什锦泡菜,荣获大会颁发的"继承传统奖",《成都晚报》评述中说:"色彩鲜艳,味道可口,不愧为素菜品种中的一绝。"

新繁人老作家艾芜在《谈中国菜和川菜的发展和特点》一文中指出:"好的名菜都是千百万人同声赞美,表示过真诚的喜悦。也可以说,中国各地的佳肴美味,是历代千百万人品尝出来的。……四川菜和中国各地的菜,都是我国集几千年的烹调技术的大成,创造出来的,使人民在饮食方面,得到最好的享受,增加生活的兴趣,鼓舞人热爱人生,更加奋发有为。……我相信,对于世界人类的文化生活,定会做出良好的贡献。"

嘉腐·雅鱼·汉阳鸡

"嘉腐"是嘉定(乐山)的豆腐乳。这种豆腐乳乐山人叫"豆花儿"(乐山人卷舌音重,凡"二耳韵"发音的字,他们都有一种复合垫音,如猴子,他们读"猴沙儿")。

豆腐是一方方的,可用刀切下来;豆腐乳是"豆花儿",嫩得来只有用小瓢削了。"嘉腐"指的是这一种,到晚上作为夜食出现,具有地方特色;豆花内地也加茨加粉,舀在小碗内,加上红油、酱油、油酥黄豆,切成小颗子的大头菜、葱花、花椒。为晚饭后"宵夜"进食的最佳小吃,老年人尤喜欢,多喝一碗也不会停食;它是带有广泛性的群众小吃,价廉物美。一二十年代,也传到成都来,东大街一带,凡有卖"嘉定邓杨大绸"的大商店门口,乃至城守东大街久成元嘉定绸店附近,晚上关了铺子,就有卖"嘉定豆花"的摊子出现,还加了馓子,增其香味,添了豌豆尖。

雅鱼,巨口细鳞,用竹筐养在河的流水中。从竹筐流中捞出,宰割洗净后马上下锅,吃个生鲜,那是雅安城外车站附近卖鱼的拿手杰作,不亚于乐山吃江团。

有人评雅鱼有点"山林隐士",这确评得很得体,因为它居于水清见底的山谷石缝中,水流平和处,它同灌县有名的"石巴子"鱼同是"山林隐士",习惯于水深石壁上定居。"石巴子"鱼则更有一层参禅入定的过硬功夫,它吃饱了后,就"巴"在石壁上,成了"化石",要捉这种鱼,是用竹编签子,在它背上去"抠痒",几抠之下,它受不了那"痒"味,身子一松,掉下岩壁,就可捉到了。这鱼不大,五六寸,肉最细嫩,不能如一般鱼久熠,它只能在油锅跑几下就够了。60年代初陪《羊城暗哨》的导演吴天国游青城,到灌县无意中吃到这个"石巴子",吴天国也认为是天下少有之嫩鱼!

雅鱼洄游路线很短,只在青衣江一带,但是它的食性复杂而繁殖力很强,在雅安市餐馆中可得。

汉阳鸡在眉山县岷江边汉阳坝。汉阳坝在这一带是小丘陵,沿岷江又多沙地沙田,最宜种花生。每到收获之后,农家把已养好的山鸡成群放出,任它在花生田里食其余剩,吃个痛快!在这种田里成长起的鸡,皮嫩而略肥,不用好多火力,容易煮炟,且下口即化。鸡肉本身有股香味,因吃了花生,分外添加一种鲜香味。成都坐船去乐山以及岷江下游,必经汉阳坝,有时在汉阳坝靠船,第二天到乐山。

船一靠岸,那长长宽敞的河坝,顿时热闹起来,一钵一钵凉拌的红油鸡片、鸡块应时出现;有时也拿上船去卖,卖酒的也跟着来了。食客们怎能放过这个美好的时刻：你一杯我一盏，你一块我一片，醉倒于岷江上的黄昏。新津、邓公场岷江渡口，也有像汉阳坝一样端起钵子卖麻辣怪味鸡的，但，鸡差远矣，尽管在味道上用了功夫，加了色彩，"进口是师傅"，那简直无法与汉阳坝的汉阳鸡相比。

新津到邓公场河面宽，遇涨水天气，岷江洪水泛滥，江面更宽广了，有"走尽天下路，难过新津渡"的谚语。人们长时间地等渡船，倘遇腹中饥饿，也就把新津渡的这种麻辣怪味钵钵鸡抢吃个精光，"饥者易为食"，也就顺便交口载誉了。但，倘若吃到汉阳坝的汉阳鸡，那才是一种真正的享受。

正发园的胖子肉丁

正发园是一家小到不能再小的小酒菜面饭馆,坐落在成都荔枝巷坐南向北南暑袜街的拐弯处。充其量 8 平方米,一楼一底。楼上就更可怜了,除楼梯外,就只有 7 平方米了,勉强安了三张小桌儿,临窗下望,正是往来熙攘的闹市——荔枝巷西口。

馆子是一位姓杨的老师傅开的,脸红红的,人老实诚朴,穿一身油蜡片衣服,套上早已发光的棉背心,成天地站在岚炭炉灶上辛勤地干着掌瓢儿的神圣工作。为什么要这样说?他这位红锅上的掌瓢师,养活一家人,儿子已结婚,却是一个大烟鬼,明拿暗偷,给这位善良的杨大爷增添了无限的烦愁,他却不吭声地成天工作。

正发园馆子虽小,但他却卖了当时成都很少有的撕耳面。做法、味道并不亚于梓橦正街荣乐园附设的名面食店稷雪的撕耳面。他在面中加几小片家常腊肉片,一种异样的香味,使人馋涎欲滴。另外,红锅上有一样颇有名气的炒菜——胖子肉丁,用瘦肉切成大拇指粗的肉颗子,和芡粉后配以作料,炒出来的肉丁,比一般红锅馆子的又大又嫩,色彩浓厚,极为好吃。这样菜虽有辣味(用郫县豆瓣),却受到抗日战争中天南地北来成都的文化人的高度评价。

他的座上客有从五岭之南来的侯枫、中华剧艺社的赵慧琛、《华西晚报》副刊编辑陈白尘、记者黄是云、不喝酒而爱热闹的老作家陈翔鹤、喝酒而又烂酒的编辑陈伯雯等。实事求是地说:这一批暴(报)徒酒会中,是以我为中心。当我发现杨大爷的胖子肉丁后,我就先拉《四川漫画》社中的苗浡然(任教于南虹艺专,教水彩画)、谢趣生(《新新新闻》每周漫画编辑、漫画家)、张漾兮(木刻家、《国难三日刊》漫画编辑)等,登楼一醉。酒是在拐弯暑袜街去打有名的全兴大曲酒。

陈白尘是每约必到,每到必醉,但醉得有风度,动作言谈上有限度。其次是苗浡然,醉后无酒话,即时人所谓吃酒有酒品。导演侯枫,酒上脸,不多饮,他同陈翔鹤一样喜欢热闹。刘盛亚也多次上楼,从吃酒的严格意义上说:他只算得是一位看客。酒楼上众家英雄,对胖子肉丁佩服得五体投地,三五个人,在街头花生担子上称些油米子黄酥酥的炒花生,又脆又香,纵情一饮,吃了算账,也不过两块钱,所谓"请神下匾,酒足饭饱",快兴而去。太平洋战争爆发后,文化人入川,生活更苦,就是本地干新闻工作的,工资仅仅能维持半饱,因此,几人凑合,隔不久上一回正发园的楼上去小醉一次,在米珠薪桂之时,物价飞涨之下,也算是一抒胸怀了。1983年6月中国文联参观访问团来成都,四川省文联举行的座谈会上,陈白尘很有感慨地说:"那个时候我们吃的什么呀,有时还吃干酒,没得钱呀!今天我们吃到了五粮液,真不可同日而语了。"那个时候只有二斗五的记者津贴米,连当县太爷的陶渊明五斗米都还欠一半,况陶县长喊出不为五斗米折腰。第二次世界大战中,流亡到大后方的文化人,生活上真是够惨的了,但他们穷得志气,却未为二斗五折腰。

另外还有等而下之的吃法,在数九寒天,手寒脚僵的时候,几个《华西晚报》的记者同中华剧艺社的朋友们(当时同住五世同堂街今市二中内后院),蹓到新集商场(今商业场以东地段)去吃火锅。那时还没有仿重庆的毛肚火锅,重庆毛肚火锅在成都占有阵地,是近年的事。

新集商场内有几家——我们姑称之为"成都火锅",很是简陋的了:一个泥巴炉子,上坐一小盆瓦锅,汤也汁也,有就是了。不过它的主要作料是够格的,首先是郫县豆瓣、牛油、香油碟子打个蛋、汤内加上姜葱蒜。时届冬令,正是成都平原上蔬菜上市的大好季节,有卷心白、青嫩的蒜苗、菠菜,更有川西坝上特产的又青又嫩的豌豆尖等。那时也仅有肉片、鳝鱼、血旺、脑花、豆腐、猪肝等,远远不及今天的菜品多、作料足、味道美。可是那时在抗战,冬天有那么几家原始状态的火锅,只要能御寒,增加一点热力,也就可以了。

我们常去的食客中,有丁聪、李天济、刘沧浪等,吃的是干酒,快吃完时,再来两份米粉,倒入火锅,作一餐之福的最后收场,从干酒到五粮液,经了好多时日与波折。不久前丁聪给当日在成都端冷淡杯的故人老友题了几个字:"与老兄相交已四十五年,历经折腾,居然尚在人间,大可庆幸。丁聪龙年初夏。"

从洞子口凉粉说开去

　　吃谈过去,都是比较而言,如说洞子口的凉粉,过去二月(农历)间赶花会,从青羊宫正街进到花会,走二仙庵那条老树夹着的正路向东一排小吃,几乎全为洞子口的凉粉摊连接着,黑漆四方小桌子,一张接一张,可长可短,小黑漆短板凳,任君选择,坐下就吃,来得快当利索。照今天的说法,可以称为"方便小吃",确实好吃爽口,吃后有余味。今天还想它。

　　桌上摆凉粉的主桌,放一排大品碗,那是在东大街新街口斜对门专卖江西景德镇瓷器的双间大铺子,万福航买的蓝花漏阴花的大品碗,七八寸的直径,内为熟油辣子,红色熟油上放了几个大核桃,核桃本身不起什么作用,目的无非是壮其形式,被川西坝的清油润得红而发紫,好看而已,但它必不可少。就在不是赶花会期中,成都市面上卖凉粉凉面铺子的作料摆设上,也必有几个江西瓷的青蓝花大碗,盛满红油浸泡着大核桃,放入红油中,增其色彩,使人看起舒服。

　　花会上打着洞子口的凉粉招牌的多家,有打着蓝布白字、白

150

川菜杂谈

色边子的"洞子口凉粉"，哪家是真？哪家是假？很难分辨。亦如杭州张小泉的剪刀，要辨出哪家真伪，那不是买剪刀人的事，那是旅行者他们写的文章。走累了，坐下就吃，几碗凉粉，几个油酥锅魁，那足以当打一个"尖"，填填肚子。笔者从小就赶花会，小时由大人牵着手去(怕人多挤掉了)，及常一个人去、年年去，差不多都要到"去年今日此门中"的洞子口凉粉去吃他几碗，严格地说吃他几小碟，加上几块酥锅魁，了却心愿，解一年一度之瘾，至今思之，也只有在过往的回忆中去拌点口味而已。鲁迅先生说："发思古之幽思是为了现在。"不错，有对比，"新人不如旧"分明可见，一点不假，拿今天的话说，一点不少。——何以故：恐怕是一个在个体私营，为了谋财，拼命做好，一个是吃大锅干饭，做好做坏，照样领工资，至于做法、态度等等，也就成了半生不熟的"革命同志"的"主人翁"姿态出现了。不说小小凉粉摊子，鼎鼎大名的"川味"正宗的第一流的大馆都做得无声无息，乃至关门大吉，有何说哉？

回头再看花会场中这些小凉粉摊子，凉粉分黄白两种，黄凉粉棕黄色，切成均等的薄薄一片挨一片，刀法细致而准确、匀称；白凉粉用旋子旋下的，棕黄与白色相间，各占一半，放于蓝色花纹的江西瓷碟子中，可以说小巧而玲珑；盛作料的蓝花小碗，内放酱油、熟油辣子、花椒——这花椒做法就不同凡响，这是洞子口凉粉赶花会中特有一道做法，引人注目，使你开开眼界，在未到进口之前，不得不看看这油浸花椒，从油碗里捞出十来颗油浸后的上色花椒，放入木制的小磨，成都人叫"莫奈何"，当着顾客磨烂擂碎,然后才放入小蓝花作料小碟中,这才算完成洞子口凉粉最后一道工序。洞子口那一带来的乡下农民,有的头裹白布包头,身穿家机土布短打衣服,要是遇着那年花会天气热(我记得有几年二月十五有人穿白衣赶花会的了)他们脚下就穿的线耳子草鞋,讲究一点的还穿上新繁县黑丝线的草鞋,精神抖擞地忙于切凉粉,拌作料,擂花椒,带点喊堂的吼声:"来客二位靠左(坐),端上去,得罪了!"他那干净利落的动作待来客坐定,马上就端来凉粉,和颜悦色地对待买主,他们并未特别宣传"买主是上帝",但他们心中确有个"买主是衣食父母",从不对"衣食父母"采取"革命手段",相反,都以"得罪哪;道谢哪"成为他们脱口而出的一种使人在吃安逸后满意、舒服的回味,把二者间的关系看得接近了。你是食客,二回必来。过去我们一年总要赶几次花会,总得自然而然地要向洞子口凉粉摊子上去过嘴瘾,经济实惠且不说,那使人接近的人情味、地方风味,难忘啊!

我认为那种买卖之间,人与人之间那种平等、亲近的和气态度,是我们传统经营中一种良好的习惯,有句老话:"和气生财"。你今天豪华了,高档了,你那气味都使人难受,没有高级的礼貌与相应的品次,也不过是徒有使人远离的空架而已。

小吃,异乎小道有所为。使人怀念者不仅是那味道,还在乎那人情味,那个调调儿,那招呼您坐下去的亲热态度、表情,使你受宠若惊,吃了一回非去二回不可。我想:今之洞子口凉粉与过去的洞子口凉粉结合起来,成为具特色的洞子口凉粉,那当不是明日之乌托邦? 早一天到来,早一天消除胃中块垒,那该是多么幸福的事啊！

　　生意做法、规格有大小，大有大的好处。小吃小道也可做出带有普遍性的大块文章来。凉粉，市井小吃也，但为名厨曾国华利用为"凉粉鲫鱼"，是解放前蜀风一道名菜，如今曾国华老矣，但他这道名菜却流传下来。台湾籍作家陈若曦最近也在文章里谈到"洞子口的凉粉"，她没吃过，但她久慕其名。真正保得质量的地方小吃，它的艺术永存，生命不息。但是，一切都说不上了。

一席"姑姑筵"

　　紧邻成都杜甫草堂北大门,最近新建了仿清代的古典建筑,这里便是美食与文化结合的华丽大型餐饮企业"姑姑筵文化餐室"。这里不仅硬件设备现代化,其最大特点还在于它与杜甫草堂为邻,客人们推窗一望,草堂园林便尽展眼前;这里有名厨调味,因而增加了饮食文化的兴味。人问:这个新开的"姑姑筵"与20世纪初黄敬临开的那个"姑姑筵"有什么不同?

　　黄敬临,名循,敬临、晋临是他的别号,成都人。生于1875年(清代光绪六年)。受教于有"五老七贤"之称的徐子休,后读四川法政学堂。当过两任县长,卸任后为了生活,也为满足他本人兴趣,开了家常包席馆子,有诗为证:"挑葱卖蒜亦人为,误入歧途百事非。从此弃官归去也,但凭薄技显余晖。"黄敬临先是在少城包家巷打出招牌"姑姑筵"。"姑姑筵"本是成都小孩们模仿大人做饮食炊爨的小玩具:小炉子、小锅铲、小菜刀,在当时杂货铺可买到,小孩们玩得很有兴趣。70年前,当笔者还是小孩时,一说起办"姑姑筵",兴趣很浓,那时候的小朋友哪有今天这样多的玩具，一个"小皇帝"，便可以开一家玩具商店了。

黄敬临老先生取这个好玩的"姑姑筵"作招牌，一方面是"不失其赤子之心"；另一方面，他自撰了一副对联来表达他心里要说的话："右手拿菜刀，左手拿锅铲，急急忙忙干起来，做出些鱼翅海参，供你们老爷太太；前头烤柴灶，后头烤炭炉，轰轰烈烈闹一阵，落得点残汤剩饭，养活我大人娃娃。"——对联通俗易懂且有成都人那种酸溜溜文绉绉的味儿。一经贴出，轰动少城食客，再经报上一载，又传遍锦城。后他又贴出一联："学问不如人，才德不如人，只有煎菜熬汤，才算我的真本事；亲戚休笑我，朋友休笑我，安于操刀弄铲，正是文人下梢头。"这位谦恭的烹饪艺术大家，以他的文学修养，表达了他对生活的态度，在幽默而机智中，展示出他的理趣。从七品官儿的堂威，下降到挖炉勾灶办点幼儿们玩具似的"姑姑筵"，岂不是对于他那腐朽糜烂的官场生活的否定吗？要说四川的饮食文化，黄敬临先生集才华于一身，照今天的说法是：弃官下海。巧得很，几乎与黄老同时，李劼人先生从法国回来看到民国封建军阀的专横，愤而辞去成都大学教授职务，在南门指挥街开起了"小雅"食店来。

黄敬临之于烹饪艺术，既无师承，也无菜谱，由于他见多识广，穷搜博采，成为他自己有创造性的做法，谓之曰"黄氏体系"亦无不可。主要以家常味出之，除一二掌墨师（相当于今天的厨师长）系聘请名厨担任外，其余全由黄家姑嫂掌灶。李劼人说它"基本上是家常味"。如席后吃饭时上各种家常泡菜：泡小黄瓜、酱小黄瓜、酱小茄子、甜姜、甜蒜、泡灯笼海椒等，泡菜味与众不同，一小碟可卖到厂板（四川厂造银元）五角，贵也有有钱的食客去买。被他先后请去的厨师有：曾青云、杜鹤龄、罗国荣、陈海清、周海秋等。家厨与名厨结合，便做出坛子肉、烧牛头、香花鸡丝、樟茶鸭子、酸辣鱿鱼等。他的坛子肉的坛子，用的是陈年绍酒坛子，因其年代久远，酒汁浸入内坛皮层，洗净后，装入坛子肉的各种作料：公鸡或老母鸡、宣威火腿、鸭子、猪排骨等，加热后用文火煨，煨出陈年绍酒坛子内蒸炙出的酒汁，那可是一种特殊的香味哟！“美酒成都堪送老”，何况是陈年绍酒蒸炙出的诱人食欲的异香。后来中国食堂刘文定的罐子肉也照此做法，深受食客欢迎！再如他的“青筒鱼”，此系从川滇边区少数民族鲜嫩竹筒的烧饭方法移植而来，清香入味，独具一格。可贵的是，黄敬临做菜着重在提炼出菜质的本味，即原汤原味，他反对滥用香料和其他作料，更反对用“味之素”（那时还没有味精）。如他的“肝糕汤”、“鸡皮冬笋”等，味一般都淡，重在品汤。他的“黄腊丁汤”以㸆的原汤和家常泡菜出之，味特鲜美。再如“豆腐鱼”这样菜流传下来，到少城公园（今人民公园）静宁餐馆，已是早餐食客必不可少的一味名菜了。大的岚炭炉子上猛火煨辣味豆腐鲫鱼，用醪糟浮子煨烧出来，其味无穷！

以家厨为主，做菜的人手少，做的菜中又多用文火煨㸆，花费时间，黄老设计的菜肴，选材严格，以高质量、高品位出之。故在经营上也独具一格：席有定数，每天出席二三桌，最多不过四桌，要提前几天预定。他还要记下客人名单，他心中有个数，名单上客人的身份、嗜好，吃什么或不吃什么？以便因人而施、安排菜肴,这样掌握了食客脾胃、投其所好,取得信任——这也是他最好的经营方法之一。有时他还自任招待,亲自端菜上席,并为食客饕翁们解说。当时名秦篆书法大家盛光伟"壶道人"就说过:"听他讲解菜的做法,如听黄石公谈道。"当时省外来的军政名人,以吃到"姑姑筵"为快。一次张学良过蓉去昆明,仅有一个晚上,见了刘湘便要求吃"姑姑筵"。刘即召其总务处少将处长李召南,李不敢怠慢,直接去见黄敬临,说明来意,并强调:这是刘湘省主席宴请张学良将军,今夜务必吃到口。

黄老拱手说:"办不到,三天前王元甫师长已来预定了。"李召南一听,立即去找王元甫,王当然首肯,惟当夜之宴早已请了客人,如何是好?李召南情急生智,马上去见荣乐园主人蓝光鉴,蓝熟读《随园食单》,以其中"以南池之水救北地之焚"的办法,当夜出一桌高档的"正宗川味"席桌代替。于是,才有了当晚张学良与刘湘在"姑姑筵"席上宾主尽欢。

这个家庭餐厅成了文人墨客、军政士绅、大小饕翁荟萃之所;黄本人的身份与其出类拔萃的烹调艺术和他待人接物的礼貌、素质,使他与当时的不少军政要人交上了朋友。外号有"公爷师长"之称的陈鸣谦,便是他的好友之一。每次订席必然是"姑姑筵",师长以下的官儿们要想得口福之乐,也去恭请黄老先生指点于筵席间。那时邓锡侯、田颂尧、刘文辉三个军部都设在成都,那些讲究品位的老饕们,还放得过黄敬临吗?要想吃到他的佳肴,你所订席中主位那一桌,就得为黄敬临老先生备一个座位、一张请柬,他本人坐不坐不论,你得有礼貌地如此对待,因为他喜诗文，工书法，爱古董，尤喜旅游。他以卸任县大人身份出掌烹调，常与同僚好友以及徐休老门徒们觥筹交错。看来，一个厨师的文化水平十分重要了！不然怎么解说饮食与文化是相结合的呢？相信我们今天的厨师会超过前人。一定会超过。

大约30年代末期，"姑姑筵"搬到了与百花潭隔锦江对岸的宝云庵开业，老先生又自撰一联："提起菜刀，拿起锅铲，自命炉边镇守使；碗有佳肴，壶有美酒，休嫌路隔通惠门。"到青羊宫赶花会的回返来人，万头攒动，看见这副对联，十分称赞，这当是很好的文字宣传了。园内餐厅又有一联："叹老夫无命做官，才租这大花园承包酒席；替买主下厨弄菜，好像是巧媳妇侍奉公婆。"

国民党湖北省主席杨永泰邀黄敬临作武汉三镇之游。黄也想去展开一个新局面。1936年当他到重庆之际，杨遇刺身死，乃停滞重庆，受到名流有"民主老人"之称的鲜英等人支持，于1937年5月在左营街管家巷近处公安局隔壁开张了重庆"姑姑筵"。黄老先生照例在开张大吉的门之左右贴出一联："流落在贵码头，装一个忸忸怩怩新嫁娘杀鸡为黍；公安局大门口，来几多漂漂亮亮高贵客下马闻香。"后又贴出一联："营业税、印花税、席桌捐、红锅捐，这起去了那起来，弄不清楚；蒸公鸡、炒母鸡、炖牛肉、烤猪肉，肥的精而瘦的嫩，都要振齐。"从内容看，也已超出了消极发牢骚的范围，使当地的国民党官员们感到不是味道，但亦无奈之何。适值四川大旱，重庆市政府号召节约救灾，令全市餐馆禁售高档饮宴，"姑姑筵"便被停业了。以后他又被邀请到南岸有名的汪山复业，那儿官邸林立，家族盘踞，生意倒也不错。

1941年日本侵略军的飞机滥炸重庆,汪山、黄山遭轰炸,黄敬临欲收拾回蓉而不可得,抑郁成疾,不久乃逝,"姑姑筵"餐馆从此也停业了。

黄敬临老先生的菜肴做法,独创一格;他的经营方式,别开一面。可惜他自己没有著作留存下来!但他的家属,那些与他合作过的"掌墨师"把他的衣钵继承下来。30年代初陕西街西口(今粮店近处),他的大儿黄明全开了"不醉无归小酒家"便餐馆,聘请聚丰园的老厨师张正华主厨,仍以家常风味的小烧小爆、文火煨烧为主,做工细致,选料严格,他的顾客也就不一般,门口不时停有雪佛兰以及其他豪华汽车,那时成都私人汽车很少,可以想见它的食客是什么样的人物了。齐白石当年来成都,住南门文庙街王家大公馆,老画家刘既明夫妇请白石老人,就是去的"不醉无归小酒家"。请他点菜,齐白石要吃"脱袍鳝鱼",这本是湖南菜,他们不懂这道菜的做法,白石老人说明之后,"小酒家"厨师居然做了出来。"脱袍鳝鱼"者,就是去皮鳝鱼也,以川味出之,受到艺术大师的赞扬。"不醉无归小酒家"的家常主菜,以红烧舌掌、葱烧鲫鱼、蒜泥肥肠、麻辣牛筋、炝豌豆、肥肠汤、白宰鸡汤、青笋拐弯、宫保鸡丁等以及著名的家常泡菜出之。这样美味佳肴的馆子,在成都发出几道饮食艺术的光芒后,就像陨星一样坠落了。

黄敬临三弟黄保临,喜诗词,工书法,他的文人气浓,燕蒸业行道中人都称呼他"黄三爷",他自己则说:"啥子黄三爷啊,就是老鄙夫。"旋又补充道:"黄三爷不是老鄙夫吗?"这位三爷为人随和,出口幽默。30年代他在总府街(今市艺术馆附近)开设"哥哥传",做法继承"姑姑筵",作为"黄氏体系"流传下来,代表作有粉蒸大块鲇鱼,取寸余直径的大鲇鱼,切成两寸中断,去其首尾,细致加工后粉蒸,以现舂的辣椒面、熟盐加芫荽,肉嫩味鲜,妙不可言。当时成都燕蒸业每月有一次"转转会",由餐厅主人轮流做东,笔者就是在这样的场合品尝到这样好菜的。"哥哥传"常见好菜有:肝膏汤、鸡豆花、炒鸭脯、熘鸭肝、冬笋烧牛护膝、黄焖仔兔、沙锅鱼尾。吃饭时上鸡丝馓子豆花(取嘉阳豆花做法)、家常苔菜(干苔以米汤煮之,加姜米子、辣椒面),冬至后上水豆豉、冲冲菜等。

从"姑姑筵"到"哥哥传",在川菜领域里,独树一帜,饮誉海内外。近半个世纪之久,这在川菜烹饪史上,理应占有一个很有分量的地位,而且黄敬临老先生与饮食文化相辅相成,自成体系,作为文化遗产,我们应当好好地加以继承与发扬。

今天的"姑姑筵文化餐室",以其雄厚的资金建成了崭新的、规模庞大的、与文化相连的餐饮之都,有这样好的条件,相信他们能创出更好的成绩来,为锦城增色。

猪肠小吃之类

以猪大肠做菜,升堂入室,受人欢迎,得到好评的,当推软炸斑指。

为什么说它"升堂入室"呢?过去在四川一些农村,农民是不吃猪肠的,有的不习惯,有的忌讳。它经高明的厨师巧手加工,清洗之,蒸煮之,然后穿上"衣子"入油锅里软炸成金黄色既酥且嫩的斑指,再上以葱酱、椒盐、糖醋、姜汁、稀卤等,吃法多样,使它大放异彩,身价百倍!它不仅在国内列为名菜,海外也享有盛誉。

30年代成都少城公园(今人民公园)内静宁餐馆的软炸斑指,当时中国"网球大王"林宝华第一次尝到便赞不绝口;有"傻儿"之称的网球爱好者范绍增,长期在静宁吃早饭,供养一批网球健儿如郑祖驹等,也少不了这款名菜。抗日战争中有"足球大王"之称的李惠堂同东方足球队一干人马来到静宁,吃到这样菜,异口同声地喊道:"再来一份。"

精心加工的软炸斑指身价高"肠"一等,自是不同凡响;而利用猪之大肠，做出不少精彩绝伦的成都小吃，也使人难忘！如今有的已恢复了，如卤猪肠夹锅魁，但更多的还未恢复。不是危言耸听，再不抓紧抢救（希望不要走过场的抢救），确有消失的危险！

就说已经恢复的卤肥肠夹锅魁，从选材到卤汁，锅魁从发面到打法以及造型，与从前小摊子上的做法，相去太远。尽管是近乎草率，可是仍受食客们的欢迎。恢复是一回事，进一步发掘与提高又是一回事。

过去平民大众就食极其方便的抄手担子，黄昏前出现街头，担子之一端鼎锅中早已煮好的雪白、肥嫩的大小肠。担子中间小横板上、瓦钵子里切好的一节节、一片片的心、肺、黄喉、连肝肉、肺片、块肉以及最有特色的疙瘩肠等，任君选择；另有一大筲箕盛冒饭的米饭，外备有粉条以及豌豆尖、葱花、冬菜、芽菜等配料。作料中有一大碗红油辣子，一长节竹筒筒装的花椒面，揭开竹筒塞子，撒上香喷喷的花椒面，万物皆备于其中了。

华灯初上，担子摆好，一锅白如雪脂的奶汤，热气腾腾，吃头道汤的饕客，早已坐于板凳上，炙手可热，迫不及待了。先来一碗清汤抄手，或下一碗韭菜叶子面，或冒二两米饭。在瓦盆中挑选两片心子、连肝肉、肥瘦相连的块肉，切一碗肥肠，上浇温江酱油、熟油辣子，撒几颗葱花，加一簇芽菜，应有尽有的作料齐放。或坐或站，文吃武吃，悉听尊便。你可以从家里端碗冷饭去担子冒热，什么也不买，只出冒热钱，还要给你加上葱花、酱油、辣椒之类。

二三酒客,称半斤黄酥酥、喷喷香的油米子花生,切一碗肥肠,倘是遇着肥肠头子,那就更其增加食欲。这种冒饭肥肠抄手担子,摆在戏园书场附近,到了散场时刻,还要拥一次堂,平添不少食客。我每次出省,在他乡遇故,总会有人问:"还有抄手担担吗?"从中泛起一股乡音乡味乃至乡愁,只有在谈得津津有味后去做个怀乡梦吧,元朝诗人谢宗可有句:"安得沧漠俱变酒,垂涎终日饮如何?"

黎明前,在老南门外南门大桥南口右手,有一位姓戴的矮胖子,红光满面,圆鼓鼓的眼睛,他随时笑容可掬地接待买主,因而可以看到他雪白一排牙齿。头上包白帕子,缠个大包头,这是李劼人小说中的人物。他站在热气腾腾的大鼎锅旁,来一位抓一份细小粉,将切好的肠子放入竹漏瓢中,放入雪白鲜开的鼎锅内,冒它几下,放入碗内,汤、粉、肠三者俱备,然后一道很重要的手续:把花椒布口袋用力一挤,挤出花椒水汁,突然香气四溢,令人垂涎欲滴。花钱不多,一碗奶汤进嘴,吃得热落痛快,寒冬数九天,那吃进肚子里的一股热气之舒服、快感,还用说吗?

南北二城遥相呼应的北门瓮城子街(今北门大桥以南城门口)也有一家卖肠肠粉的。它的炉子用的炭是挑选过的岚炭,火力强而猛。因为他要在天亮前后这一场生意卖钱,不能闪火,要保持烈火的猛劲。待到东方发白之时,但见熊熊炉火的大鼎锅四周,雪白奶汤滚翻,肥肠喧腾。这一家卖的粉条又与南门大桥的不同,此处是韭菜叶子形式的扁粉条,入口又是一番滋味。切的小肠头子中有一种叫"飘带头"的,即将洗净的小肠翻过去煮,小肠内有油脂形如飘带,有一种特殊香味。为什么要如此这般呢?无他,在于花样翻新,出奇制胜。他们在洗涤猪肠时,也有一套工艺程序,做法认真;先用草灰搓揉洗净,为了避其异味,在清漂中滴些干酒,再行洗涤。然后在清水漂净酒气才下鼎锅炖煮。肠的全部操作过程,在于一个洗字,洗不干净,汤味带臭不说,久煮后还有一种极为难吃的苦涩味,有如破鱼不慎的鱼胆苦味。这种私人经营的小商小贩,从买到卖,一人一手包干,一年365天,天天如是。值得大书一笔的是对顾客的和气态度,他们的传统口号是"和气生财",不若铁饭碗,硬头冰霜。

另外有一种小肚把子,脆而嫩,和韭菜叶子米粉食之,味尤鲜美。花椒用的是汉源县清溪乡一带的好品种,以建黎乡所产的香味最浓,刺激性强,这种"黎椒"要放得适度,大意吃多了还会发生好几秒钟的"闭气"现象。可是有人偏要选吃这种"黎椒",要过那个好几秒钟"闭气"的味道。看来"口之于味,有同嗜焉"还不是万应的准则,还有破格的异味异吃,达到他个人癖好的"百菜百味"。

暑袜街南口,晚上有一小摊卖红肠肠的,他的红肠上了红色(是否食用色,在当时就很难说了),它的特点是炪而嫩,卤味也恰到好处。肠内装有较多脂肪,特别是在冷天,凝固了的白色脂肪,别有一番风味,有如在腌卤肝子里加猪油,成为著名的金银肝一样。另外还卖有疙瘩肠、猪舌、肚及有名的砂仁肘子等,均加上红色。没有招牌,人喊"红肠肠"小吃,在东南城一带享有盛名,此种极富地方特点、味美价廉的小吃,一直未恢复。

东门城隍庙(今东大街立体电影院)内的肠肠豆汤,也是最受广大平民欢迎的价廉物美的好小吃,一进山门,但见一大锅炝豌豆肥肠汤,上面浮了一层黄生生的脂肪,汤中央滚开处翻滚着炝豌豆。要吃油大点的,给您在锅边用汤瓢顺着浮油一舀,给您来个"油盖汤",满足您的要求。特别是在冬天,在旧社会那些穿得单薄的、上了岁数的下力人,一瓢滚热的油汤,足可以暖人心胸,温及肠胃。不喜油大的打个招呼"免油",给您舀一瓢滚翻处的豆汤,同样满足你的要求,花钱不多,吃得称心如意。

鼓楼北一街有一家李肥肠,专卖小笼蒸肥肠,略加辣味,到数九天更辣,到来年川西平原上菜子花儿黄了时,辣味渐减。桌上放了几碟芫荽、花椒、辣子面,任君选用,分文不取。蒸肥肠炉子周围,烤有白面小锅魁,保持温度。蒸肥肠夹锅魁,当是成都小吃一绝,它的特点是:方便、热吃、味足、价廉。当时少城长顺街治德号、铁路公司三倒拐的小笼蒸肥肠,常有夹上几十个锅魁的,乘飞机远走高飞。据说台北也有一家,生意兴隆,食客四川人占绝对多数,当他们吃到这种家乡美味时,也许可以解去二分乡愁。

华兴正街荣盛饭店卖有红烧疙瘩肠,又叫帽结子,入口满嘴油膘,痛快淋漓,润滑外感。这种烧帽结,一般用青笋、岷笋或胡萝卜,习惯上不上席。就是在饭馆里也多年不见了,考其原因,它要打整洗涤,多费时间,特别是在铁饭碗优游下,谁愿去多找麻烦呢?但是,这样美好的小吃名菜,近年来在东门南纱帽街10号,外号"刘三疤"的一家小饭店中出现,因它火功到家,使得年老的饕公们趋之若鹜。

"观今宜鉴古",很好地发掘有用的、美好的传统民间小吃,是为了今天,更为了明天。"治大国若烹小鲜",勿轻视民间小吃,茶馆文学、巴蜀文化、街头美味,使得人们丰富多彩、满足人民对传统食物的需要。有地方特点的好小吃,可以给人千丝万缕的联系,从台湾回来探亲的成都人,在吃了各种小吃后,非常满意,但他们还想吃成都过去的红肠肠、铁锅卤帽结子、锅魁夹兔肉丝、涮羊血、熬醋豆腐奶等。

腌卤帮中较为高级的如华兴正街的盘飧市、上南大街的利宾筵、城守东大街的香风味等,都不卖猪肥肠,惟鼓楼北一街的段炙轩的腌卤摊子上卖有卤肥肠,味鲜美,以其独家经营,颇为卖得。一般卖卤猪肠的,多在卖卤食小摊上得见,他们以筲箕装卤猪肠,上插竹筷,任君选择。这种流动小摊子,在县场上的十字街头或大桥上出卖。生意做得很灵活,也方便了大众,他们千方百计去找买主,这在今天更值得我们学习了。

青石桥北街30号夏兴传统肠肠粉店,热闹空前,每天上午开卖时,排队若长龙,有的端着一碗就在拥挤的行人道边、阶檐下迫不及待地吃起来,这种盛况在解放前成都小吃中是没有的。它的诀窍在哪里呢?在于它的经营者对每一道关口把关,严格要求,丝毫不苟。肥肠清洗认真,彻底清除不必要部分(依附大肠内的脂肪瘤),用红苕粉使其有筋丝韧性,吃起爽口。酱油全部熬煮过,消毒严格,取消用手捏的花椒口袋,粉不烫热不起锅等等。传统做法基础上出新,又讲卫生,值得大大提倡!

怪　吃

苏联已故作家爱伦堡在《论莫洛亚及其他》（见鲁迅编《译文》创刊号）一文中谈到：法国有一种吃鸭子的方法，在大热天，以肥鸭悬于空中，任其腐烂生蛆，下放一盘，盛腐鸭身上掉下来的蛆，然后以滚油煎炸，他们吃到很感兴趣。

江津对岸陡石坡山上农民，有个习惯——吃臭肉。那年天干，不到五月端阳，桌棱发烫，夜不成寐。当地农民割回猪肉，并不马上吃去，又不上盐，放置两三日，任其发黄、发臭才吃，有的嫌其臭不够兴，用臭盐蛋下酒。

解放前夕过内江，逢蓝光荣，介绍到内江县衙门隔壁一家牛肉馆，桌、凳均为石头，颇为别致。点了一样炒菜名"火爆牛漩"，"牛漩"即母牛阴道口阴唇部分。炒好上桌，与火爆肚头无二，更细更嫩，皱纹较多，都很好吃。中华书局解放前版《古今怪异集成·中编上》"饮食类"记载有一段：清代道光年间清江浦巨室寡妇，嗜驴阳，其法使牝与牡交，俟其酣畅时，断其茎，自牝阴中抽出，烹而食之，嫩美无比。后来为县太爷知道，拘去责打，以正风俗。

这位有钱大商人的寡妇,也算吃得怪异,但她却是别开生面有创造性的吃法。取驴在阴阳登峰造极这个一刻千金的宝贵时刻,阴阳双方因激情发展到高潮而达顶峰,这时刻是充了血的肉,这肉在动物(包括人)最敏感、最细腻的地方,一刀两断,烹而食之。充其量说吃得太残酷了一点儿,如果不是佛教徒,谁也不会有好多内疚造成良心上的不安。这种事情,可以断定是有钱人家关倒门、阴倒干的事,何况是寡妇,更要做得秘密。可是县太爷为什么又会知道了呢? 消息肯定是从她左右漏了出来,事情本身就足够使人作为助谈的好资料,东传西传,首先在县城内传开,街谈巷议,何况古有名言"寡妇门前是非多",无事都要生非,况还有那回见不得天的事。最后捉将官里去了,还遭了责打,理由是以正风俗,清除污染。从严格的意义上说,于法也无依据,干卿底事? 可能县太爷有些弗洛伊德讲的那一套变态性心理;或吃不到葡萄说葡萄是酸的,在封建淫威之下,那带有创造性的女食客只有自认倒霉了。不幸中之大幸,还没有"为嘴丧生",倘这寡妇活在今天,她可以开个"毛驴火锅店",准赚大钱。

杂谈美食家

一个人爱吃,或在报纸上写了几篇饮食文章,会做几样自己认为可口的菜,于是便被人称为"美食家"。这样来得太容易的"美食家",实际上是在酒席筵前人对人的一种客气、一种称呼、一种礼貌,可它并无多少实际意义。

真正的美食家(这里没有打引号),要善于吃,善于谈吃,说得出个道理来,还要善于总结。李眉谈他父亲李劼人时说:"我认为父亲不单好吃会吃,更重要的是他对食文化的探索和钻研。他之所以被人称为美食家,其主要原因大概在此。"探索食文化,这就不简单了。枚乘的《七发》,虽然说了吃,而其实际意义不在吃,那还不能称得上是美食家。东坡呢?他对烹饪有研究,写有《菜羹赋》、《老饕赋》等等著述,又能亲自下厨掌勺,做出"东坡羹"、"玉糁羹"来。东坡在黄州总结了选猪肉、烧猪肉的十三字诀。直到现在,以"东坡"名菜的"东坡肘子"、"东坡墨鱼"、"东坡豆腐"等等仍然名声颇响,乃至北京、天津开有东坡餐厅,可见苏东坡对后世饮食文化有着巨大而深远的影响。

近代文人林语堂这样分析中国一千年来为什么每一代都有人真心崇拜苏东坡：因为他有魅力，说他是"酒仙"、"造酒试验家"。近人钟叔河说："谈吃也好，听谈吃也好，重要的并不在吃，而在于谈吃亦即对待现实之生活的那种气质和风度。此种气质和风度，则在无论怎样枯燥、匮乏以至窒息的境遇中，也可以生活，可吃、可弄吃，亦可变吃，而且可以吃得或谈得津津有味也。"这已把美食家提升到理论的高度了。

美食家不等于厨师，但从理论上说：厨师应是先天的美食家，因为他首先要知味。从烹饪技术上说，厨师也是美食家的老师，这是一方面。另一方面厨师精于烹饪、技巧高超，但又受职业特点和活动范围等许多客观条件的限制，好吃与否，厨师是不能完全自专的。因此品评的责任就落在美食家的肩上了。从历史上看，美食家确实为丰富我国食的文化做出过贡献。我想这情况将来是会改变的。因为自建国以来，随着厨师文化水平的提高，接触五湖四海，见多识广，他们肯定会代替捏笔杆子的美食家，并练成文武全才。我这里讲的当然不是把"臭老九"从烹饪文化圈中赶起走，而是说他们在互相渗透、相辅相成中，各自贡献出前所未有的"分家"场面。厨师好比文学创作的作家，美食家则可看作是搞文学评论的评论家，二者互为因果。厨师掌握了烹饪的高度技术，这远非你美食家所能及得到。而美食家对于品味就不仅在于吃什么，更重要的是如何去吃。食物的滋味，在它固有属性的基础上，既来源于烹调出来的风味，也取决于品尝它的情趣、趣味，这是美食家重要的一点。东坡谪贬惠州，"因市井寥落，日杀一羊，不敢与仕者争"，他是戴罪之人，那时候的特权人物还不懂得同他划分阶级立场，他还能买得带肉的羊骨头回家，亏他想得出带有创造性的吃法："熟煮热漉出，浸酒中，点薄盐，炙微焦食之，如食蟹螯。"当他吃安逸时还笑他的弟弟子由，只知道吃官厨（即今之用公款吃），不知道这个微带贴肉的羊骨头味（见《与子由弟书》），须知那时的清规戒律也不少，《礼记》上分明载出："毋啮骨"，但讲究吃的东坡却不管你那一套，而且还要有点勇气，不怕人笑他嘴馋，敢于突破传统世俗的饮食方法和习惯，这正是美食家发展饮食文化的一个重要方面。吃也要吃得气派，吃出"艺术风趣"来，不完全在乎高档次的豪华宴，竹篱茅舍、小桥流水之旁，挖个泥坑烤叫花子鸡吃，那味道、那情趣，又岂是一掷千金吃公款的蛀虫们所能懂得的？

美食家对于吃哪怕如东坡吃的"二红饭"（天旱歉收时以大麦掺红豆做出的饭），也吃得趣味浓厚，吃出风味来。林语堂在《中国人的饮食》一文中说：英国"他们原本也没有一个词语可以用来称呼'gourment'（美食家），就不客气地用童谣里的话称之为'Greedy Gut'（贪吃的肚子）"。于是林语堂说："如果他们知道食物滋味，他们的语言中就会有表达这一含义的词语。"

关于"食物的滋味"，厨师同美食家都有其相同的觅食滋味与兴趣，而且还要带点冒险家的精神，鲁迅先生说过：人类中第一个敢吃螃蟹的人是很了不起的。至于那些舍命吃河豚的人应称"美食家"了。艺术家黄宗英曾不平地说过："除庖丁解牛寓意文外，则绝少烹饪大师正传，诚天下之大不恭也！"再说彭铿，虽被厨坛敬为烹饪之高尊主,也只有片面的文字记载,要知易牙的调味技术也是从彭祖那里学来的。史书上只记载有其为齐桓公近臣事,而对于他善于调味,就不屑于记载了。还有为后之赞为"烹调之圣"的伊尹,史料也多谈他的治国之才,而对于他自幼就学烹饪之术就很少述及了。或许这些都是当时社会的一种偏见,君臣历来看不起替他们上灶执勺的人。

厨师得到正名,应自人民共和国始,四十多年来,我们在这方面做了不少的事。至于美食家呢?还可从多方面去探讨,在交际饮食场所冲口而出的恭维,在觥筹交错中的那种尊称的褒词,得其反,如来一个"上纲上线",不怕把你写成浸透资产阶级的好吃鬼那才怪!叫喊"越穷越革命"的那几年,美食家早已靠边站或放逐到荒山旷野罚去劳动去了!三年困难时期也没有美食家的名分,大炼钢铁去了!美食家再出现,应在三中全会后。改革开放的到来如同春回大地,但我也从未听说有自诩为"美食家"的妄人出现,有的也都是由别人给戴上的这顶"帽子",至于帽子的尺码大小,合不合适,那就是时下流行的一句话:"说不清"了。

以左道　请正宗

记得在1948年的夏天，我在成都西东大街"天恩老店"的后园（即我家住的小院）内，宴请"荣乐园"的"蓝氏三兄弟"蓝光鉴、蓝光荣、蓝光璧。出席作陪的有卓雨农（当时成都的名中医，我们称他"卓麻哥"），以及"耀华餐厅"的创始人赵志成。

虽说这次宴请只是请他们吃一顿便饭，但备办起来也不是一件轻松事。你想想看，蓝氏兄弟乃是蜀中的川菜大师，开的又是一家大名鼎鼎的"正宗"川菜馆，我总不能用"正宗"川菜在他们面前班门弄斧吧！至于"卓麻哥"，他可是一位黄酒饮客，而且很会品菜；还有那位中西合璧"耀华餐厅"的赵志成，他也称得上是成都"燕蒸业"的代表人物，不仅懂吃，而且见多识广。

为了准备这顿饭，我竟想来想去，琢磨了半天，最后还是决定以"左道"来请"正宗"，即用当时成都市面上卖的一些著名菜肴和小吃，拼凑成一桌菜来请他们。请看那天我家桌上的菜肴：

四冷碟对镶："矮子斋"的麻辣排骨，对镶"司胖子"的花生米（加葱节、椒盐、香油等凉拌）；暑袜南街口卤肉摊上的红肠肠，对镶砂仁肘子、卤舌头；复兴街"竹林小餐"的糖醋酥胡豆，对镶华兴正街"盘飧市"的卤猪蹄、白卤田鸡腿；皇城坝回民的红酥，对镶商业场"味虞轩"的香糟鱼块。

冷热菜之间则穿插上了绿豆鲜藕和冰糖莲子羹。

主菜（热菜）是：东御街"粤香村"的红烧牛头蹄、干烧甜味香糟肉、炒肝丝（黄猪肝切细丝炒成鱼香味）；"竹林小餐"的蒜泥白肉；"荣盛饭店"的蚂蚁上树（烂肉粉条）；贾家场的莱菔（萝卜）细丝牛肉丸子汤。还有一碗川北凉粉（加碎牛肉姜丝绍子）。

记得当时桌上还有四样家常泡菜，一份酱肉颗子苕菜，一盘怪味鸡丝和一碗番茄牛尾汤。

这顿便饭，我自认为是以"左道"请"正宗"的胆大妄为之作，不料当时请来的几位客人竟也吃得津津有味，颇为满意。

当天，蓝氏三兄弟中只有蓝光璧未到。饭毕，蓝光镒评论道："这桌菜很有地方味特点，而且搭配合理。"蓝老板对其中的莱菔细丝牛肉丸子汤尤为赞许。卓雨农则说："可惜'味虞轩'的香糟鱼少了点，用它下黄酒很合适。猪肝切丝炒成鱼香味亦很可口，而且刀法上别出心裁。""耀华"的老板赵志成最后说："番茄牛尾汤的味道不够，但肯定用的是'粤香村'的大锅牛肉汤做的基础，这好汤算是救了这道菜。你在汤中又加了几片'牛奶沙'，这倒很妙。假如你上奶沙汤，那就更令人满意了。"一桌便饭难以求全，如果代以奶沙汤，那嗜吃黄酒的卓雨农岂不更加大腹便便了吗？

本来，我请大师们吃便饭，用成都一些著名菜肴配成一桌菜,只是想换换他们的口味,却没有想到竟然取得了意外的成功。

当时闻风赶到的还有《工商导报》的程泽昆和美食家江仲英。江还自带了一听鲍鱼,并说是"来凑个数"。江仲英是鄙人的扬琴老友,听功很好,他能唱七眼一板的《活捉三郎》,且板眼紧凑,开合随意,唱得极有韵味。江还曾经在慈惠堂街开了一家"醉鸥餐厅",此店以汤味见长,吸引了一批食客,也吸引了一批扬琴迷,这倒是说明成都的"大鼓扬琴"很早就与饮食文化同流了。不久前,我聆听了"蜀风园"的席间音乐,该乐就配以扬琴,那天的乐声令宴席情趣倍增。但回忆起当时的扬琴老友和那一顿便餐,不知不觉50年就过去了!

重庆毛肚火锅

从全国各地吃火锅的情况看来,盛行于秋冬之季,以冬为最!从农历九月吃菊花火锅开始,直到隆冬的羊肉火锅,无论上席的还是家常的,都各有特色。

铜锅最初流行于北方寒冷地带,蒙古人先以涮羊肉为食,直到现在北京的涮羊肉,仍以口外(长城几个口如张家口、喜峰口、古北口等地)的羊肉为上品,以其秋后臕肥、肉嫩且无膻味,加之东来顺等家刀法高明,片得其薄如纸(过去成都福兴街竹林小餐白肉刀功之好,全在片得薄的刀功上,为人称道)。17 世纪中叶,火锅成为清代宫中冬季进膳菜单上不可缺少的佳肴,有羊肉火锅、野兔火锅、鹿肉火锅等。嘉靖登基(1796 年)大摆"千叟宴",所用火锅竟达 1550 个之多!

据李劼人先生考证,大约在 20 年代,重庆一江之隔的江北县一带,有不少摊贩出卖水牛肉。水牛质粗味酸,不及黄牛鲜美好吃,但其价格便宜,吃得起的多系沿江两岸挑担背背的力行中人,水牛肉成了他们经济实惠的"打牙祭"的食品。水牛既有销路,心肝肚舌除鲜卖一部分,也得想法推销出去。他们就把心肝肚舌之类,下锅一煮,紧其血肉,折价发给零售商贩去卖。零售商贩便去嘉陵江沿江河坝码头空地或街头巷尾,摆上担子小摊,几条长凳,架起一个泥敷的火炉,一具分了格子的洋铁盆(或铁锅),盆内煮一种又辣又麻的卤水,一些卖劳力的群众,坐下来围着炉子开干(吃)。各人认定一格,把切好分类的肝肚之类放入格内卤水中,边煮边吃。吃几盘几块算几盘几块的钱,既经济,又好吃,又热和,再加上二两烧酒,吃得酒足饭饱,称心如意,尤其是在冬季更受人欢迎。20年代末,在朝天门小什字巷马路两旁,到晚上也摆出卖牛肉的小火锅,白萝卜煮牛肉,调和辣味为主,一炉一锅,又热又辣,不仅卖下力的群众,穿得斯文一表的人也在冷风中坐下去大吃特吃了。

1932年前后,重庆城内一家小饭馆"一四一火锅店",从街头摊担移到饭馆店堂,泥炉依旧,将分格的洋铁盆改成敞口小锅,店内布置也讲究起来。

重庆人吃毛肚火锅,其最大特点是不分季节,冬天当然好,夏天也很热闹,三伏天40℃以上高温,桌子坐凳皆烫时,伟大的重庆饮食男女照吃不误,虽然汗流浃背,却处之泰然。一手执筷,一手挥扇,在麻辣烫高温高热下,辣得舌头伸出,清口水长流之际,又可来上两根冰棍雪糕,以资调剂。勇士们越吃越来劲,除女性外,男士们吃得丢盔弃甲,或者干脆脱光,准备盘肠大战。中有武松打虎式,怒斩华雄式;不少女中英豪,颇有梁夫人击鼓战金山之概,气吞山河之势。

毛肚火锅,吃的就是牛肚及内脏,牛胃中有重瓣胃,形如毛巾。下锅一烫——这一烫要拿稳火候:久了如牛皮;未烫够又是生的,均不能吃。重庆食客是个中能手,对烫牛肚太有经验了,他们烫得不温不火,恰到好处,达到吃的艺术的最高标准。火候这一道,凭经验、凭本事,用当今电脑也不能确定计算下来。火候二字,好像是厨师的事,到了毛肚火锅,吃客也成为善观火候的专家了。非如此不可,否则你就不能下咽,现实情况有如此严峻! 就逼得食客们去细心掌握火候不可。

火锅之卤汁调料:牛骨汤、炼牛油、豆母、豆瓣酱、辣椒面、花椒面、姜末、豆豉、食盐、酱油、香油、胡椒、冰糖、料酒(或用醪糟)、葱、蒜、味精等等,下料的增减,还在日新月异的变化中。近年来还出现一种不要辣味的毛肚火锅,称为"素味",受到省外人的欢迎。但也只能说为不吃"辣味"聊备一格。不管怎样,可以断言:"素味"永远也超不过"辣味",在四川这类小吃除了辣,如人之无骨,如何立得起来? 就是重庆毛肚火锅有了辣椒面没有郫县豆瓣,也等于失去灵魂。我们有些调味,失去主要的方面,那是不堪设想,也不堪入味了。

家常味的重庆毛肚火锅,也有加进泡菜水,平添家常风味,把本来的厚味,再涂上一层浓郁色彩。

调料的增减、吃法,各家做法不一,一万家有一万家口味。法国布封说过:"风格即人",其实"口味即人",这样更能体现"百花齐放",食的民主自由多么彻底啊! 我在重庆治印大家曾右石家吃过他自称为"真正道地重庆毛肚火锅",除了辣椒面、郫县豆瓣外，还嫌辣得不过瘾，他又外加长约两寸多的干海椒，色亮，红得发紫。他特意介绍说：这种海椒外号叫"见血封喉"。没有进口，已使人打几个冷劲，不寒而栗！感到喉头发起干咽来。不由分说，他又抓了一把约七八根"见血封喉"，丢将下去，等于火上加油，其势之猛烈，可以席卷满座食客了！曾右石大概以他那治秦汉印的刀法，用于吃重庆毛肚火锅，大手大足，气派宏放。鲁迅先生说过："治印始于周秦，入汉弥盛，以汉法治印，卒然艺术之正宗。"一切文化艺术，息息相通。品食之后，虽然"五内俱焚"，却得"全身舒畅"，绝非不吃辣椒的人所能得到的最高享受了。

哪一家人也夸他的毛肚火锅最好！最得吃！君不见，说到吃毛肚火锅，全家人莫不喜形于色，仿若过节日一样的快乐，全家动员备办作料，平时在家懒得烧饭吃的家庭成员，也精神抖擞，发扬了家庭中团结和睦的气氛，一齐加入战斗行列，主动积极，谁想到毛肚火锅的革命热情，有如此勇敢而正确。倘将此吃火锅的热情，移于正道，不正是"治大国若烹小鲜"吗？

东道主一方的热情盛设，你得在品尝之余，大唱其赞美诗，起到外缘的统战作用。

重庆毛肚火锅之大发展，还是在抗日战争以后，一些大饭馆、餐厅也打出"特设毛肚火锅"等类招牌，以广招徕。卤汁调料原料的配合，煮食的肉菜品种以及炉锅用具、餐具，都有了新的改进与提高。抗战中期，日本帝国主义飞机对重庆"五三"、"五四"的大轰炸，吓得了妥协投降派，却吓不了重庆人。大轰炸后，重庆毛肚火锅店照样营业,有的在废墟上搭个帐篷,大无畏精神的重庆人仍然照常光顾,没有炸倒的市中心的汉宫咖啡店,居然大书广告牌:"日暮汉宫吃毛肚,家家扶得醉人归"。"九二"火灾前,朝天门附近小巷口一火锅店名"红豆",也写了宣传牌子"红豆生南国,毛肚最相思",展示了重庆人会做生意懂得广告学,也表现出重庆人之风趣。

近年来重庆街头火锅,又有发展与新的设施:有其特制之桌,以高标号水泥磨石为桌面,中放岚炭火炉,岚炭即炼钢的焦炭,火力威猛,非一般炭材可比。成都现在有的用煤油,火力差且煤油味四溢,闻不惯的人,只有绝食了;也有几家用枫炭的,那景况也就太差劲了!且炉桌设备也不及重庆市的够气魄、实用,亏他们还打出"重庆正宗火锅"的市招。

除毛肚及牛内脏作为主食外,煮食品中也加进了猪、羊、鸡、鸭、鱼、水粉条、大木耳、血旺、香菌、大白菌菇以及一些时令蔬菜,遗憾的是没有川西坝子上的豌豆尖。

相比之下,成都毛肚火锅切菜片肉的刀法比较细致,工艺程度也较高。如葱、蒜,只切成一寸长一点,重庆的长三四寸,有些粗放。成都有的鳝鱼洗去鲜血,重庆的保留鲜血,存其鲜味,放在盘内,拿入滚滚波涛之热火锅内,然后狼吞虎咽。重庆吃法,犹如词中的豪放派,成都吃法,犹如词中的婉约派。但也不能平分秋色,无论如何,重庆的占上风,就全川而论,它以压倒一切的姿态出现。试看市中心及八一路一带,有若八百里连云樯橹、蔽日旌旗一般。至于赤膊上阵,大声武气划拳猜令,显得太不文明。但，在 40℃ 以上高温，犹拼命于火锅之旁，这道理说得过去吗？

到重庆不吃毛肚火锅等于没有到重庆。重庆市郊区百里以内，随时可见火锅店，此点亦为四川任何一处所不及。现在随着经济发展，连白市驿飞机场附近的山坡上，也出现高档的毛肚火锅店了，而且自备华生牌电扇、雪花牌电冰箱外加索尼彩电，丝毫也用不着怀疑，有朝一日他们会安上空调，吃出一个"荒诞派山城毛肚火锅"来。

生平吃毛肚火锅，有幸碰到一次具有代表性的重庆火锅，即1988年2月在成都举行四川省第一届烹饪技术（旭水杯）比赛大会中，它单独占了一席。大圆桌中放白铁火锅，它的周围配38样菜，每样菜的刀法、选料、配搭均十分考究，一丝不苟，因为它是参加全省比赛展出项目，做得面面周到，算得上全方位的高级毛肚火锅了。大会工作人员齐向火锅包围，然后进攻，食而快之，聚而歼之，给予干净地、全部地、彻底地消灭。参加大会四百多样菜中，最受欢迎的，就是这重庆火锅了。由此可证，它确有绝对的群众基础，为大会生色不少。

杂谈重庆菜的魅力

20世纪30年代初,重庆席桌上的鱼头、鱼皮,以长江中有名的鲟鱼或蒸或烧,高明的厨师,都弄得比四川沿江任何一个码头上的餐馆做得好。他们还将鲟鱼头骨制成米白色半透明状的"鱼脆",其间经蒸、煮、漂等细致地加工,排油除腥,进行软化处理。从鲟鱼身上取材,做出好文章又不离题,这材料可蒸、可烩、可做美味羹汤,进而至于做出大块文章来,如川菜中有名的鱼脆果羹、菠萝鱼脆、桃油鱼脆、玲珑鱼脆等。

至于烧鱼唇,是以鲟鱼干制品,先氽煮、浸泡、换水,以其柔软糯嫩,质感细腻,制成川菜上品的"白汁鱼唇",当时寓居重庆的书法家蒲伯英就评过这道菜,说是可与"温泉水滑洗凝脂"媲美。这道菜做法高明,色彩清淡,却淡中生鲜,不能不叹"味在四川"。重庆高明的厨师在其他方面也有所创造,如白汁的、清蒸的青鳝、白鳝,他们的做法也是第一流的。抗战胜利后,我在若瑟堂巷子里任宗德的公馆中也吃到过"白汁鱼唇"这样高贵的菜。那时的政治协商会议正在开会,每天夜晚任公馆中有两三桌席宴客，座上客是当天开会来到的贵宾：计有郭沫若、于立群、李公朴、萧泽恩、文寿乔等，觥筹交错间，大谈国家大事，从中知道政治协商会议中进步与团结，反动与倒退，是非分明。饮宴后起舞，李公朴很活跃，每舞必跳；于立群舞艺最佳，轻盈如燕；郭老不跳舞，在一旁阑珊醉意中作壁上观。

我参加几次这样极有意义的盛筵，东道主任宗德是昆仑影片公司经理，进步的电影事业家，也很讲究吃食，他安排的上席主菜每天都有变化，如家常甲鱼、干烧岩鲤等。弄鱼重庆厨师们的办法多，就地取材，这方面成都就差了，不是他们不能做，而是没有材料，甚至还难得见到岩鲤、鲟鱼、白鳝之类。看来烹饪之道，发挥土特产是有它取胜之道。

郭老当时喜欢吃的清蒸鱼头，颈的四周蒸成极嫩极软有如藕粉一样的胶汁，清蒸中加香菌、南腿。大蓝花碗内薄薄一层原汁油面，油而不腻，我看他下箸次数多，喝黄酒也豪放起来，餐毕已带醉意了，我搀扶他从若瑟堂巷子走上七星岗，他仍谈笑自若，给人的感觉是：在那场政治协商中，尽管有破坏的一方，而必操胜算还在真理正义的这方面。他每夜必醉，醉得多么自信自豪，视丑恶者如草芥。协商会期间，郭老有时也去沧白堂讲演，听众人山人海，可是特务们却在屋顶上掀瓦、甩石头，支使便衣喧闹，企图破坏。郭老却照样宣讲，正气凛然！会后出沧白堂走在临江门马路上，特务用极下流的话骂他，向他身上吐口痰；而他着长袍马褂，态度自若，以一种严正肃穆的气度走他的路；真如鲁迅先生说的"敢于正视淋漓的鲜血"。

人说成渝两地川菜都以"川味正宗"为标榜,究竟哪处"正宗"一些? 既有"川味正宗",两地根据具体情况,做出精美可口菜肴,总的说来都是为"川味正宗"添砖添瓦。一定要强行分个什么,我想只有如陈毅元帅《游阳朔》诗中说的:"桂林阳朔不可分,妄为甲乙近愚庸。"

重庆水陆交通方便,诗人邓均吾句:"双江结辔下瞿塘";工商业发达,抗战时为西南政治经济中心,特别是水上交通方便,为吸收省外、海外烹饪技艺,提供了有利条件。成渝地区所受影响就文化方面而言,多从海派,当时有一道菜叫"火腿面包",就是从西菜中的"三明治"蜕化而来,变化得更为出色出味,以嫩南腿切片,夹油酥面包,入口酥香出味,这味又经得起咀嚼,就是入侵日本飞机轰炸那样凶煞,重庆食客,照吃不误。此菜醉东风、小洞天、王矮子的凯歌归等餐馆,都做得很出色,连二次大战中来华助战的洋人(盟国空军背上有十个字:"来华助战洋人,军民一体保护。")也说要"烧烤的三明治"。成都那时为华西空军基地,适应需要,也把这道菜移植过来,吃得密司脱(即先生)翘大拇指,不说"very good",却用半吊子华语:"顶好顶好!"

八年抗战,使重庆的川菜"地无分南北,味无分东西",天下名厨都集中在重庆。东京吃狗肉香肠是引人发笑的,我们经理先生细细咀嚼的却是烧烤乳猪和巴黎冷盘,红毛大蟹是乘坐道格拉斯巨型机飞来的,1958年老窖白兰地依然高踞在高贵的餐厅。(见司马讦《重庆客》中《重庆之魅力》)抗战中期,又从成都迁去烹饪大师罗国荣亲手主持的颐之时、荣乐园高手孟根为西大公司中餐部主厨,独树一杆"黄家家常味"的姑姑筵,川菜一流人才集中,争各路地方风味之长,现"川味正宗"的佳肴美味。而高明的重庆厨师博采八大菜系之长,熔中西菜于一炉而又从中变化,"化他为我",使花色品种增加,烹饪技术有所提高,包括讲究的堂彩、席桌台面的出现,于是形成独特的重庆风味。那些有创造性劳动的名厨如人称"小聪明"的廖青廷,除在重庆打响之外,还聘到上海丽都去掌勺,桃李满天下,有"七匹半围腰"的美称;熊维卿的"文昌鸭子"也是一绝,他在白海珍、国泰饭店主厨,常常见不到人,人被请到那些讲究吃食的府第中开席去了。鞠华青的白案,只要吃过九园发糕的,无不都成了回头客。白玫瑰的周海秋烤乳猪,黄如透明玛瑙,特别是用牛、羊、猪做的烧三头,令人叫绝。曾亚光"吃遍长江水,赢得凯歌归",除一手好本领外,在烹饪教学上大有建树,他的桃李中就有不少一级厨师,曾应邀到日本讲习川菜,能做狗肉席、猴肉席。还有专做牛肉菜肴的陈青云,他的枸杞牛鞭汤就不仅驰名山城,港、沪大亨用保温罐凌空飞去,以壮行色。再如李荣隆的罐八鸡、张国栋的大型冷盘造型,小煎小炒的吴海云,一级刀工的徐德章,擅干煸干烧、旁通西菜的陈志刚,冷菜专长的李燮尧等等。群贤荟萃,百菜百味。解放后冲出夔门,分布海外,也只有解放后川菜才发扬光大。60年代我在北京饭店见到罗国荣,他用南路(新津县人)口音对我说:"也只在今天,我们这行道才喊登伸了。"

"百花奖"到成都小吃

　　1985年第五届金鸡奖、第八届百花奖授奖大会来成都举行，电影界人士对于成都小吃早已闻名，十分专注，均欲食之而后快。特别是喜剧演员、导演谢添与剧作家戴浩，他们均于抗日战争初期（1938年）同来成都，从事救亡宣传的戏剧工作，戴浩还在西北电影公司（今灯笼街北）工作。谢添自称是老成都，且用他那夹生四川话笑谓："又回娘家来了。"话虽谐语，情更亲切。他们除在金牛宾馆进餐外，新知旧好轮流请他们有选择、有重点地品尝名川菜、名小吃及家常菜。

　　他们在宴饮中最感兴趣的是做法别致的粉蒸鲢鱼，去了平时的麻辣，加芫荽，正合他们口胃。软炸斑指也使他们大开眼界，吃得最舒服。他们认为猪大肠最难打整，也容易带一股臭味，而且油腻，可是成都的高明厨师，弄得来一无异味，二不油腻，以椒盐、葱酱碟子调味，别开生面。芹黄肚丝把芹菜撕开和肚丝炒，外省也有，戴浩说："你们的加一些泡海椒丝子，在色调上一下子就出来了，到过四川的，也想尝这个海椒丝子的辣味,唤起人们对于成都的回忆,使人难忘的回忆啊!"

我问主演《黄山来的姑娘》李羚最爱吃什么?她微露笑靥,指着慈菇饼、叶儿粑、蛋烘糕说:"我就喜欢这几样小吃,蛋烘糕,也只有成都才能吃到。"谢添补上一句:"蛋烘糕就是成都发明的,全国小吃中独一无二。"大家共同感兴趣的是锅巴肉片与扁豆泥,谢添以他的青蓝四川话介绍说:"这种菜名叫中国冰淇淋,看到一不冒烟,二无热气,吃进嘴头烫死人!"沉默寡言的戴浩老老实实地问了一句:"那不是你遭过烫了?"谢添直言不讳地回答:"那时人年轻,哪还有不遭烫之理,那一次把我天堂烫落一层皮。"

他们还去吃了集中成都小吃于一店的青碧居,西玉龙街的陈麻婆豆腐店。北影厂长、海外有"红色大亨"外名的汪洋,能吃辣椒,对麻婆豆腐很感兴趣,说是最能代表四川人性格的一样菜。

他们到了东大街同仁堂滋补药店,吃了龙马童子鸡、人参汤圆、茯苓包子、枸杞肉丝、银耳鸽蛋等。成都的同仁堂有二百多年历史,现在开的滋补药店,是继承了传统的药膳,"食治"、"食补"的经验,达到"食疗"的效果,到今天已发展为新型的中国药膳,使之有病治病,无病强身。"无病强身"总得要好吃,因为有药,每菜难避其药味,与我们平时进馆子吃的菜,那味道就相去远矣!吃药膳不止一次,每次都有这个感觉。餐后同仁堂主人拿出纸笔墨砚,请谢添写几个字,谢添以他那独创一格的"倒书"

题了字。

在青碧居进餐前,先来一碗江西瓷三件头蓝花的"盖碗茶",泡的成都花茶,金鸡奖最佳女主角李羚对它很感兴趣。谢添向她解说:"成都人讲究吃这个三件头的盖碗茶,抗战中我们来成都,那时的三件头不完全,茶船子是铜打的,到处都有茶铺,坐的地方特产竹椅子,很舒服,我们叫它土沙发。"谢当场表演,如何揭开茶盖,翻茶,端茶船入口,如何品味,看得李羚说:"谢谢谢导演。"她说她是第二次到成都,让成都小吃味给勾上了,花色品种太多! 真是吃勿消。

我请40年前老友谢添、戴浩,他们又为我约来汪洋与陈强。汪、陈均是大胖子,谢添也大腹便便了。

我这一席家宴预备有怪味三丝凉面、三吃过桥茄饼(红油、姜汁、椒麻),牛肉烂酥烩泡萝卜、肥肠豆汤、煎二面黄豆腐。老妻弄的莴笋红烧肉,汪洋指着这一样说:"我走了不少地方,用莴笋烧肉还是第一次,烧得这样好,也是第一次。"谢添回京后还写信来要莴笋红烧肉的全过程。事隔三年了,不久前荣县旭水大曲酒厂在北京华川饭庄请文化界,陈强还向我谈到家常红烧莴笋这样菜。

谢添同戴浩特地去少城长顺街治德号及卖笼笼蒸牛肉的老地方,已经物是人非,他们看看老地方,说无非是了心愿而已。他们对成都笼笼蒸牛肉,怀念不已,引他们去吃了几家,均不满意,不及从前。不特此也,不少有名小吃也不见了,如过去每条街口子上到晚来的抄手担子,价廉物美,也很方便,坐倒就吃,又热乎,这样带有群众性的方便饮食,不应让它成了"0"。谢添如数家珍地背了一长串:钵钵鸡、钵钵兔子肉、半夜都还吃得到的梆梆糕、锅魁夹兔肉丝等等,离开成都几十年,仍然想吃,这些是成都一绝,应当恢复。告诉他们:有些在恢复中,能否坚持下去,谁也不保证。

辑三　川菜的历史文化

第三　川喜田山中にて

出土文物与四川饮食

1980年8月在成都举办的"四川新都战国墓出土文物展览",展出了9种古代生活饮宴的器具:有装食物的敦,流行于战国(公元前475—公元前221年);豆,形似高足盘,用以盛食物,盛行于商周(约公元前17世纪—公元前256年),多陶质,还有木制涂漆豆、青铜豆;蒸煮食物的甗(yǎn),古代炊器,盛行于商周;甑,新石器时代晚期有陶甑,至少在4000年前了。其中特别引人注目的是:用于装祭祀食品的铜鼎,多用青铜制成,盛行于商周,汉代流行,造型精美大方,工艺程度已达到相当高的水平了。由此可证:在公元前一千多年,我们巴蜀祖先已懂得"美食美器",对于"调和鼎鼐"的作用了。

1986年成都市博物馆举办了成都市西郊出土的东汉(公元25—220年)画像砖石墓展览,画像砖石墓共两座墓葬,均为成都市博物馆精细复制,照真墓大小按比例制作。有墓门、顶呈半圆形的砖砌拱道(称为"甬道")、前室、东西后室等(与嘉峪关郊外之汉墓相仿,由于戈壁荒滩中少雨干燥,保存得很完整)。这些实物埋藏地下,从东汉建武元年(公元25年)算起,已有2000年历史了,它在国际上也引起重视。

墓室内有"宴饮起舞"、"宴桌"、"盐井"、"酿酒图"、"双羊图"等实物造型。"宴饮起舞"说明汉代官场在宴饮上已具较大规模,扬雄的《蜀都赋》中就记有:"调夫五味,甘甜之和,芍药之羹,江东鲐鲍,陇西牛羊,……五肉七菜,朦厌腥臊,可以练神养血睡者,莫不毕陈。"可以看出:当时已有了复合味,开始了主辅料搭配调的做法,并且讲究一点加工造型,同时还注意到营养成分,要求吃好睡好,红光满面,身体健康。

"酿酒图"砖上,有五个大坛盛酒,其中一人在坛中酿酒。新都县出土的汉代"酿酒"画像砖(浮雕)反映了当时酿酒的实际情况,右下侧大釜为酿缸,一妇人左手扶缸,右手在缸内和曲,搅拌;右边一男人抱着酒缸;左上角有一推独轮车的,车上置酒,其下一人挑酒缸正朝作坊外边走去。可以看出汉代酿酒手工业已经相当发达了。左思《蜀都赋》写有:"置酒高堂,以御嘉宾……觞以清醥,鲜以紫鳞,羽爵执意,丝竹乃发。"这表明宴饮的规模更大,值得注意的是加了音乐伴饮,更有"巴姬弹弦,汉女击节",使得筵席气氛更加浓烈,有利于肠胃消化。

不仅成都一地,在彭山、崇庆、新都等县出土的汉代画像砖,共有65件。其中有"拾芋",农民下田拾芋;有鹅、鸭、鱼,作为"庖厨"之用;有卖酒推车,煮肉的大铜锅,很像过去饮宴的"吊锣子",碗盏分四层架子放置,有条不紊,像今天的克罗米玻璃板架;有的在宰肉,放在案桌上使刀。有一"酒肆"画砖,人们欢乐地去饮酒,人物形象朴质而生动,可以看出汉代服饰、生活诸方面。

从西周到春秋(约公元前1046—公元前476年)四川地区形成两个政治、经济、文化中心:蜀,以成都一带为中心,建立奴隶制蜀国(这里所指的"国",实际上是一个较大或更大的行政区域,古书上记载"地方百里而王",是奴隶主占据一个地区或几个地区,不是某些外国学者将其错误地弄成"国家");巴,以重庆一带为中心,建立了奴隶制巴国。东晋(公元317—420年)常璩的《华阳国志》载:蜀国是"山林泽鱼,园囿瓜果";巴国是"土植五谷,牲具六畜"。

再从其他出土文物来看,已属青铜时代的巴、蜀两大地区,都发现铜器、陶器的炊爨饮食用具,如盘、罍(léi,盛酒用具,盛行于商周)等器,艺术造型与工艺水平已达到较为完整的地步。日本朋友说:中国的烹饪文化,有5000年历史。就四川地区出土实物看来,是有凭有据的。

2002年2月2日《华西都市报》头版头条:"古蜀故都"在金沙一期出土万件文物,共发现灰坑四百余个,九十余墓葬,3座陶窑,万计陶器、玉石器、铜、金器等物,再次证明成都平原在商西周就有了非常辉煌的青铜器文明。金沙遗址面积4平方公里,如祭祀区、宫殿区,大量礼仪性用具。金沙应是古蜀国政治文化中心。

从广汉三星堆博物馆看来,这在夏、商、周之前,不同于中原文化的巴蜀文化就有那么多高明智慧和技术才能完成雕刻和冶

炼啊！他们为了虔诚地供奉神明，祭祀需要许多人、全族人的合作才能完成吧。（北京郁风·黄苗子《观三星堆博物馆想到的》）

川菜之形成，有它的历史原因，也有它的地理（与某些地区比，应当说是地利）原因。秦并巴蜀以后直到三国时期（公元前221—公元280年），秦惠王和秦始皇先后两次大量移民入川，随之而来，也带来了中原地区的先进文化与生产技术。从黑陶遗物陶器（古代陶制炊器，三空心足，为新石器时代大汶口文化和龙山文化的代表器型之一）、陶豆出土地址分布，可以看出古代四川与中原地区的联系。如忠县的黑陶与湖北宜昌、京山、天门等处出土的黑陶，在地域上是紧密联系的。到了汉武以官营煮盐、冶铁、铸钱，促进了西南地区生产大发展。到了西汉商业比战国有更多的发展，它必然在饮宴、烹饪上同步发展。《汉书·地理志》载：朝廷设八郡，列工官。其中广汉郡雒县（今广汉县），蜀郡成都县，商贾繁荣，工官管税收，可以看出产品不仅能供地区消费，还远销省外。蜀郡、广汉郡的金银工、漆工最有名，值得注意的是漆器多是饮食用器。《盐铁论》载：文杯（即漆器）一具，比铜杯贵十倍，制成一个文杯，要经百人之手，可见"美食美器"，已达到艺术精品的地步。

《史记·货殖列传》记：汉兴，海内统一，关梁开放，山泽驰禁（指盐、铁私营），出现了富商大贾。官私商业并行发展，在全国范围内出现了比战国时更多更大的商业城市，其中成都成为中国西南最大的商业中心城市。《汉书·货殖列传》记述成都巨富罗裹,有钱百万,与长安做买卖,勾结贵族王根等人,后来积钱一万万。成都、长安两地间关系密切可见,他们对饮食男女穷奢极欲之追求,对烹饪筵席的讲究,都达到很高地步,客观上也促使了烹饪进一步的提高与发展。巴蜀的茶又集中于成都,大批地外运,远达甘肃的武都,再转而卖给大西北游牧部落。成都——武都成为中国最早的茶叶市场,商贾往来频繁,商业繁荣,谈生意,讲运输,立行帮,觥筹交错、杯盘狼藉的宴饮场面就大量出现了。从贾谊的文章里可以看出:富人与大商贾宴宾客,用绣花白穀装饰墙壁,豪华奢侈可想了。西晋左思在《蜀都赋》中记有:"金罍中坐,肴槅四陈,觞以清醥,鲜以紫鳞",吃得高级,当然要求烹饪技术相适应的提高。

烹调艺术与神权的关系神秘而密切,拿给神吃的奉献食品,不能不选上好的,因为"神嗜饮食,卜尔百福","神嗜饮食,使君致寿"(《诗经·楚茨》篇)。不给神吃好、吃舒展,首先是对神不恭;其次也不能得到神明的降福。我们的古人对于祀神,很有几手浪漫主义手法,如艾芜在《四川烹饪》1985 年第 2 期上发表《谈中国菜和川菜的发展和特点》一文中说:"中国在二三千年前就发展了烹调的技术,这是和中国古代人求神祈福分不开的。古代的中国人总是把想像中的神看成好酒贪杯,喜爱美味佳肴,和普通人没有两样。"先拿"高档"美食,把神的嘴巴糊倒,或将他的手脚"酱"起,吃人嘴软,马马虎虎讲点关系学,所以今天以五粮液开路,虽然不妙,都可"条条大路通罗马"了。

酒与烹饪有血肉关系,"有酒无肴",恰恰是四川人端"冷淡杯"，吃酒不吃菜的老习惯；有肴无酒，那就不成其为宴饮了，加之历代文人墨客的渲染，其中最会找客观理由吃酒的要数李白这位大诗人，他写道："天若不爱酒，酒星不在天；地若不爱酒，地应无酒泉。"而且他一个人"吃寡酒"，也蛮有乐趣地"对饮成三人"。李商隐为了吃酒可以卖家乡，他醉吟道："美酒成都堪送老！"对杯中物何等忠诚老实！姚雪垠在《李自成》中写张献忠夜巡泸州，远闻酒香扑鼻，近看泉水涓涓，因公务在身，只敢饮一杯，却立感口齿生香，心旷神怡。譬如名胜地方，没有文字描写与宣传，文人题咏，也"胜"不起来。酒本身就制造得醇香扑鼻，还经得起文人题咏吗？

　　秦并巴蜀以后，直到三国时期之间（公元前221—公元280年），秦惠王和秦始皇先后两次大量移民入川。随之而来，带来了较为发达中原地区的先进文化与生产技术，为秦代巴蜀地区的经济奠定了基础，到了汉代就更加繁荣起来。《华阳国志·蜀志》记："汉家食货，以为称首。"前面引了曹植诗可见其盛况，又说："其啟值末，故尚滋味。"把川味也勾个轮廓出来。但川菜形成初期，也不是本地货色，它直接受中原文化的影响，互相渗透，互为因果，而最后又定于一的川菜体系之雏形。这一点正同荣乐园主人蓝光鉴（见重庆出版社出版的《川菜烹饪事典》）说的："川味正宗"者，实际上是集南北高手所做的地方名菜肴，融会于四川味，以最为四川人喜吃的味道出之。这中间就有个"化他为我"的再创造过程。

　　生产进步，提供物质基础的川菜就更加多样起来，从《古文苑》收入的扬雄《蜀都赋》，其中列举出的动植物粗略计之，也在70种以上。赋，这种文体以"铺采摛文"见长，扬雄骈赋文学描写的夸张笔法，写出蜀中富裕，没有物质基础，牛皮是吹不起来的。他所列举出的动植物菜肴原料都是经过筛选的，而制作菜肴，那就更要精选了。扬雄文中还反映出烹饪技术的进步："调夫五味，甘甜之和，勺药之羹，江东鲐鲍，陇西牛羊，……五肉七菜，……莫不毕陈。"人们吃的"飞禽走兽，山珍海味，水陆皆备"，说明汉代蜀人已能做完善的川菜了，当然，这些要全靠专业烹调大师们付出辛勤的、创造性的劳动。

到了东汉（公元25—220年），由于经济发展，人口也增加了。西汉蜀都有户26万，人口124万，东汉增加到三十余万户，人口135万。人口增加，工商业发展，大都市的兴起，为烹饪的发展带来有利条件，优越的自然条件，为烹饪的发展提供物质基础。四川被誉为"天府之国"。所谓"天府之国"，一是水好，二是土质肥沃（冲积黑土），因而才能生产种类繁多的蔬菜。

宋代出了一位鼎鼎大名的美食家、"造酒试验家"（林语堂在《苏东坡传》这样称呼）苏轼。他算得上实用主义集大成的美食家，虽然他在故乡的日子不多，但影响所及，说到吃的艺术与做法、论著，除清代李调元外，还没第三位列得上名。他亲自动手下厨，无厨就埋锅造膳，下地种菜，改造农事生产工具（如秧马）。最了不起的是他善于因地制宜，用一般极平常的普通物料和简便方法，烹制出鲜美可口、风味独特的菜肴。他谪贬到黄州，发明文火煨猪肉；托人从四川带去苕菜，种于东坡雪堂另成美食；到岭南惠州及海南岛上儋州学会酿酒。在海口市五公祠内，还可以看见东坡设计打的水井，在儋县也打有水井。还著有《养生说》、《续养生说》和《问养生》等。清朝人王如锡把他在这方面的论述一千多条，分为饮食起居等项目，编成《东坡养生集》，给后人留下一笔宝贵的遗产。文人宣传，关系也大，陆放翁入蜀，《剑南诗稿》二千五百余首诗中，赞四川饮食的竟达五十余首。清代乾隆年间罗江李调元编辑《涵海》，搜罗著述达159种，其中《涵海·醒园录》系统地总结了川菜38种烹调法。

　　清末，成都人傅崇榘编《成都通览》，详载出席的"南堂"馆子及大街小巷的有名小吃达1320种，西餐馆中西菜166种，中西交流，洋洋大观。从中又产生了中菜西吃，西菜中吃。在这之前，清代大批移民入川，要问今天成都人的祖籍，多是"麻城，孝感"，说"湖广填四川"。各个地方来川的人，带来各个地方的家乡味，成都东东山一带五黄六月还吃广东人带来的烫皮羊肉，解放前我在甑子场（今洛带）吃过，其后又去五凤溪等东山吃过。取小羊子烫皮，刮去皮上的毛，嫩毛根还留在表皮与真皮里，用现舂的辣子面、熟盐——只是这两样作料，烫皮羊肉切成嫩闪闪的条子，蘸这个极其简单的作料，肉嫩料香且辣，虽是大热天，越辣越出味，吃得汗流浃背，人们都说土广东话，地方情调浓郁。李劼人说：中国人对于吃能够博大容忍……就在中国人能够接受各地方民族所固有的文化之一的食，也毫不怀疑将其融会贯通，另自糅合成一种极合人类口味的新品，又从而广播于各地方各民族，既无丝毫中学为体，西学为用的妄解，也无所谓尊王攘夷的谬想,更无所谓唯美主义的奴见。例如在西汉时候,西南夷特产的蒟蒻酱,只管西南夷诸国被灭亡了,其后全改土归流了,然而这食品都被汉族采纳遗留至今,亦即成都所通用的木芋(魔芋)豆腐,又称黑豆腐。从酱而至豆腐,已经不是原先做法了,现峨嵋山僧再将其置于冰雪中,令其发泡坚实,谓之雪豆腐。或供鸡鸭红烧,或置于好汤内同烩,较之以生木芋豆腐做来,果然别有风味。其他如烤羊肉之来自东胡,鱼生粥之遗自南越,亦斑斑可考。目前云南的耳块,……四川尚流行(目前已经稀少了)一种咸甜俱可的,米粉包馅的、旋蒸旋食的东西,名曰叶儿粑,……自对日战争以后,与洋国交往日频,由洋国传入食品做法,被采纳而融会贯通的也不少。例如鸡鸭清汤煨笋、蒜薹烩喀洛里(即意大利通心粉)、番茄酱烧海参、咖喱炒虾仁等,岂但已经成了常见的菜,而且实在比其原有做法还好吃得多。这种态度,也与容纳外来的宗教一样,只有中国人才具有。……无论哪一洋人说到中国菜,都恭维,都喜欢吃,但若干年来,他们的菜单上几曾用过好多的中国菜? 诚然,技术之不容易学得,也是一因,然而没有中国人的这种风度,都是顶重要的了。

　　不管我们吸收西方来的、省外来的、民族方面来的,川菜自己有个根,此根如大树之根,蔓延于自己土生土长的泥土、水分、阳光、空气里,在原有根基上去充实自己、发展自己,万变不离其宗,归根到底仍是四川口味的四川菜。清朝是川菜变化很大的一个时期,除吸收南北味而外,还加海禁开放以来的外来味,它有变化,有发展,但并没有在开放中去搞"全盘西化"那一套;它立脚自己的土地上,在全国各大菜系中展示出强烈的地方风格,地方特点——"正宗川味"。仅有"天府之国"的自然地理条件还不算完备,还要有人,有烹调技术的厨师们。世界厨师协会联合会主席汉斯·富士勒说:"如果没有技艺,任何天上的、海里的名馐珍品,都是做不出美味的。"四川烹饪学会成立之日,马识途赠有自题的"打油诗"以贺:"痴人要说辣麻烫,哪知川菜色味香,珍馐美名扬海外,技术超群岂寻常。""技艺"在于人,质言之在于高明的厨师,"超群"也好,"创新"也好,立足于蜀,发展海外。不"超群"无以言竞争,何况川菜是一门多学科的综合技艺,从历史地看来,更能说明川菜史就是一部技艺发展史。今天国际交流,取长补短,川菜烹饪出现了一个崭新的局面,在"百花齐放"中开出更加绚丽灿烂的花朵来。

一部川菜发展史,魅力正是在于它的"川味正宗"。

肉八碗、九大碗的发展史

席的初级形式

肉八碗、九大碗（又称软九大碗），在过去历史上统称田席。最初是在田坝子头摆席，以后才进入城市。一般上九大样菜：大杂烩（川南一带称镶碗）、红烧肉、姜汁鸡、烩酥肉、烩明笋、粉蒸肉、咸烧白、夹沙肉、蒸肘子。基本上是这九样，当然也可以从中抽扯变化，如变炒肝腰之类：除鸡鸭外，差不多都是以肉为基本做菜原料，肉又必须肉肥皮厚者为上，顾名思义，肉八碗全在一个肉字上用功夫。做法以蒸扣为主，作为坐菜出现，得其实惠，要见"四道皮"。

又有一种上菜法是：杂烩汤、拌鸡丝、白菜圆子、粉蒸肉、咸烧白、蒸肘子、八宝饭、攒丝汤。因为加了甜的八宝饭，又称"甜席"。

以上两种做法，都离不了肘子，最初是清蒸，然后变红烧、酱烧、焦皮，直到后来发展为冰糖肘子（改变了口味，又出了光彩）、东坡肘子等。东坡肘子宜乎应为四川发明，但确是外省引进来的，见《清稗类钞》等书记载。抗日战争期中在城守东大街味之腴饭馆出现的用大山雪豆，有些别开生面，加之每份肘子连骨带肉都是精选的，火功到家，尤为老年食客称道。红锅馆子以馆菜出现，但不上席，特别是南堂大餐馆，拒绝“馆味”，其实是门户之见。荣乐园在蓝氏兄弟（光鑑、光荣、光璧）主持下，曾把市面上许多背街背巷的小吃引进到席桌上去，受到食客们的欢迎。如变街上平民说的虾羹汤为鲜羹汤，东华门、皇城坝一带回族馆子的白宰鸡，东大街摆夜摊子上的油炸馓子豆花，凉拌肺片之类。

肘子，又称“大姨妈”，取其又肥又嫩秀色可餐的形象。又有一种上十样油大菜的“吊锅子”席，仍以“大姨妈”压队，肉八碗、九大碗到十样油大菜的“吊锅子”，没有这样的“坐菜”压轴，那是不可思议的。

初级形式的肉八、九、十样热菜，形式简单朴素，用料方便，既便宜而又实惠。走菜时一齐上，称为“一道炔”，摆好就吃，放流水席，满一桌开一桌，来得干脆利落，吃得痛快淋漓。

肉八碗、九大碗还是以正儿八经一定的规格和形式出现，因为它是“席”。比“席”还等而下之的是“中桌”，这种“中桌”，一般只为正席之一半，专门为红白喜事人家请变把戏的、说相书的、唱大鼓扬琴的、丧事人家打脚盆锣鼓的孝勇会、茶炊上的、灯彩棚匠等等。既然低"席"一等，也就低人一等。当时连鼎鼎大名的扬琴名角李德才，也只能坐"中桌"。出堂会川剧演员亦复如此，但特大名角如天籁"天先生"、"周师傅"周慕莲、著名小生萧楷臣、康子林等，拒绝入坐"中桌"，或拂袖而去，大有"饿死事小"之慨。

做法因时代而进步

肉八碗、九大碗进一步就加了攒盘、大热吃等菜。攒盘用韭菜炒豆腐干丝垫底子，上面摆一层排元（初步的工艺菜），肝腰各半（对镶），再摆上羊尾，最上一层用一个花开的松花皮蛋封顶，堆成大盘子，工艺程度逐步显现出来。再进一步用红绿色油炸苔丝（红薯丝）做色彩点缀，或洒以蛋黄丝等，虽是小处，显得用心细致，不若先前的粗放，时代进步，做法也进步。

大热吃是：鸡卷、水滑肉、油炸、油酥之类的火工菜。按照"食不厌精，脍不厌细"的原则，我们的厨师又制作出九围碟、中盘金钩、糖醋排骨、红油脑肝、麻酱川肚、炸金箍棒、凉拌石花、炝莲花白、加金川瓜子、炒盐花生米，再讲究一点的炒杏仁代花仁，别是一番滋味在心头了。

上四热吃：烩乌鱼蛋、水滑肉片、烩鸡枞菌、百合羹。随席上大肉金钩包子，用"喜"或"寿"字封，开了席桌上加点心甜食的初步形式。后来发展的"喜点"、"寿点"（寿桃、寿面不属此，那是作为礼物送去的）是仿糖果店（当时称京果杏）做的，装在一个有色彩的长方形纸盒内,装四烤或四酥,后来也加上南式糕点。在席间散发,每人一份,可以把席上的口福快乐的余情带回家中,使全家人分享宴席上的快乐。这种民间优良传统习俗体现了吃的人情味应该保持下来。

与之同时,开始摆"席花",长约三寸,宽约二寸五,白纸套红色印出,极富民间装饰图案味道,如白描的"状元及第"、"喜庆三元"、"五子登科"、"喜鹊闹梅"、"吉庆有鱼(余)"等。当你上席入座时,心情是想像得到的,倘是饕餮者,你就得过屠门而大嚼,况在未果腹之前,已使你大饱眼福。"席花"上的画,它的作者虽非上官周或陈老莲,但那种绵竹画的民间无名美术家,也为你增加不少席前席后美的享受了。

每座"席花"之旁,还为客人备有"杂包纸"两大张,折叠成三角形(那时只能用新津土草纸),将席桌上可包者而包之。处处为食客设想,为食客服务。他们并没有喊口号,做宣传,但他们都做了实在的事。

南北人才荟萃于天府

四川各地的肉八碗、九大碗做法,因地制宜,因之各有其地方风格与特点:有的地方双上肘子,早年荣隆二昌有这个习惯,大概他们的白毛厚膘猪养得很好的缘故。一说那里的石匠石工,非吃双份不可。

据荣乐园主人蓝光鉴老先生谈及:清代咸丰、同治年以前的川菜，基本做法如上述。长时期的停滞，直到清末，外省大官员入川，才算逐渐改变这一状态。清代制度有规定：对于本省籍大官要"避籍"（本省人不能在本省做大官）。这些外省的达官贵人来四川上任，为了大官们的排场，一般都要自带他们家乡的厨师、名手；为了展示其官场派头，于是南北名厨随之而来。他们常常以大排场大宴宾客，尤讲究席桌台面的"堂彩"，动辄几十桌上百桌，甚至出"长流水席"连续几天几夜，几十口红锅排列，厨房不够，就地埋锅造膳，上百个厨师轮流上灶，集南北高手于一炉，这样就形成了各地人才荟萃于天府之国之局面。

清光绪三十一年（1905），贺伦夔来成都任四川警察总监。此人爱吃，尤爱闹阔气摆大场面，主张"美食美器"，外号人称"贺油大"。凡他吃到正兴园做的好菜，他必叫他带来的北方厨师照样做出来，同时也将他的北味带入了正兴园。蓝光鉴是一位极有心机的人，善于从中吸取别人长处，化他为我。在南北味交流中，促进了川菜的革新，革新起于大城市——当时的成渝两地。

继之而来的是从日本回国的周孝怀，他被清政府派到四川任警察局总办，时值满族人锡良任四川总督，委他担任巡警道和劝业道等职。他在劝业道任内，使工商繁荣，对川菜也带来了革新。他是浙江诸暨人，生于四川，除遍尝南北味外，尤喜川味。此人是个高级老饕，善于在做菜上动脑筋的美食家。他把江浙一带名菜带来成都，又善于结合当地出产的菜蔬、作料，设计新品种的菜肴。如芋头圆子,取成都北门外城隍庙庙门前右侧一大片肥田,出产芋头,分外好吃,用以烧圆子芋细肉嫩,以家常味上席,无不使人佩服。又如酿大青椒,周以前少用此法上席,他来了以牧马山大灯笼海椒挖空瓤子,填以鲜虾肉馅搀入绍兴黄酒,使江浙调和略带蜀中辣味,达到"解酲未减黄柑美,隽味能欺紫蟹香"的味道(元·王恽)。茄皮鳝鱼也是他创造性的设计,其他如蒸肉芫荽、芋头蒸肉、生烧子鸭、鸡油金钩青菜脑壳等菜,就地取材,花样翻新,最大的特点是惠而不贵,此点与"贺油大"做法正相反。按照蓝光鉴老先生的说法:所谓"川味正宗"者,是在川味原有的基础上,甲南北之秀而自成格局也。它保持了强烈的地方色彩、地方风格、地方特点,合地方人胃口。但另一方面,它又是杂交的混血儿——在如此这般的基础上,变化中发展了,出现了"十三巧"。"十三花"的席面,纷繁对称之镶围碟,由此席带来之"朝摆",使其桌面形象富丽堂皇。从海参席看来,上两糖碗、两水果,九五寸组成的十三样碟子,工艺程度一步一步地提高。

吃的繁琐哲学

在海参席的基础上,又上八大菜、四坐菜,有头(十三巧),有尾(十景盅子汤或菊花火锅吃饭)称为"全席"。

全席分两种:民间的与官方的。官方的全席中具有代表性的,当推满汉全席。满汉全席集烹饪技艺、高级原料之大成(包括燕窝、鱼翅、鲍鱼、海参等等），所列菜目达二百多样，可谓洋洋大观。它在清代末年最盛，民国以后衰落而至于无。我过去听李劼人先生说过，已是解放前的事了，记了一些，聊备一格。劼人先生说，这是清代官场中最讲究的一种极其精美而又极其繁琐的"长流水席"，完全是一种形式主义，近于外交场合的礼仪宴会。

所谓"全席"是三个人坐一长方小桌，铺有红呢绒绣花席围。上方正坐贵宾，两旁设陪席。先后要上16个高桩碟子及叉烧四红，外上四白，有烧烤猪、烧方、鸡、鸭、元宝猪等。又上12冷碟、12小荤、4热吃。吃完了之后，才上正菜，正菜又分8、10、12样大菜，就有清汤鸽蛋燕菜、鱼翅、烧乌鸡白、棋盘鱼肚、扬州火烧鱼、玻璃鱿鱼、清蒸裙边等，还有4个过碟。从开宴到宴止，要换13次桌布，上三道点心。从午后吃到打二更（成都旧习不打头更），约在晚上10时后。

烧烤厨师头戴喜帽，身系围腰，每上一菜，必喊"报喜"上前跪进。每上一道菜，必赏喜封一次，均用红纸封着，喊"道谢大人"退下。坐席贵宾，限于所谓官仪，每菜只能品尝一二箸，不能多吃，也不可多吃，谁也没有那样大的胃口。

陪席以半主人身份恭敬地举箸喊："请"！"重请"，然后贵宾再下一、二箸，或象征性地举箸还礼，如此繁文缛节，几乎是在做过场，做礼仪，不是在吃了。

开宴时吹打奏乐，一般是奏大小《开门》、《迎送》、《南清官》、《将军令》等乐曲，有的厅堂还设有堂会戏台演唱，在大饱口福中，又得视听之乐。

"进口为师"

满汉全席随着封建王朝的没落而没落了，但它的一些精致菜肴都遗留下来，如朝珠鸭子、五彩卷、镶花鸭脯等。

回头再说海参席一变而为鱼肚席，一般先上四热菜：东坡鱼、贝母鸡、熘虾片等。大菜中先上肝油鱼肚、菠饺鱼肚。倘是在热天，还上工艺菜冬瓜瓢、西瓜灯，当时均没有雕花，工艺程度粗糙，但很得吃。工艺菜在明代扬州早已出现，形成一股热潮，影响到江南，当时称为"看菜"，这个"看"字安得很好，但，说到烹饪，首要的是吃，"进口为师"，嘴是师傅，工艺菜做得再精美，超过了"进口为师"吃的艺术规律，那也只能是看看而已。

鱼肚席再变为裙边席，以串珠裙边或旱蒸裙边当先，开门见山，目的性明确。再配金钱虾饼、横喉玉笋、千张填鸭、冰汁桃脯、王牌四脆、芙蓉八丝汤等。另上四碟、四水果。

再进为鲍鱼席，当时以日本鲍、希腊鲍为上乘。这种席一般上十大菜，以干烧灰鲍当先，配以锅烧全鸭、如意笋卷、玉簪田鸡、菊花全鸡、蟹黄菜心（青黄兼白头者，四川少鲜蟹，一般用干蟹黄）、网油枣卷（也可以以网油清蒸鲤鱼代），如在冬季，以什锦火锅压轴，下乌鱼片、鸽片、火鸡（吐绶鸡）片，取材较高级。抗战中期火鸡较多，特别是第二次世界大战中，盟军来华助战时,西餐中用火鸡也多,所以把这样菜也引进来了。第二次世界大战胜利后,衰落了。下锅蔬菜,川西平原上有的是,随时令之变化而变化,此点最为懂得吃的省外人士所称道!

既然比较讲究的席,因而它的"中点"也较为奢华地用海参粥、鱼参粥之类。上四小菜:玫瑰子姜、干煸紫菜、青蒜炒鱼肠、麻酱豆干丝之类。"中盘"用椒麻醉虾,这种醉虾以成都老南门万里桥头枕江楼、三洞桥邹鲢鱼处最好。好在一个"鲜"字,他们均用竹笼把活鲜虾放在里面,浸入流水中保鲜。

引进西法,化他为我

翅席配大菜,用芙蓉桂鱼、锅贴白鸡、锅蒸填鸭、南花口蘑、清炒虾仁、八宝酿梨、羊杂火锅,加上炒野鸡红(芹菜、红萝卜丝、蒜苗和牛肉炒)、凉拌青菠、伏辣青笋和冬笋肉丝。此席适于冬季。大菜中蒸、炒、炸、汤全出,落落大方。中盘有的用麻酱鲜虾、糖醋酥虾。大菜中必上神仙鸭子、蟹黄菜、咖喱烧鸡——直接把西菜中常用的咖喱引进川菜来,但刀法大块,用大花盘上席,显出气魄,加永川一带大块冬笋尤妙。上清蒸鸭汤时,配北方银丝卷,使食客们一新耳目,这是由抗日战争期中由北方馆明湖春一位山东人庄姓师傅推广开来,这个银丝卷在今天成都提督西街齐鲁食堂还设专柜营业,受到欢迎。吃饭时上五花龙眼烧白、红烧雪猪、烧鹿冲。50 年代颐之时名厨张雨山擅长五花龙眼烧白，曾在金牛坝做给毛主席吃过。

另有一种配菜做法：在对镶中四高四矮，采取砌城墙垛子的摆法，突出传统古典风格。四热碟：香炸鲤鱼条、宫保田鸡腿、口蘑熘鸡片、银杏花腿箍。

发展得最高的当是燕席了。热菜先上燕菜一品糖碗，开门见山，气势崔嵬，或上鸽蛋燕菜、鱼面燕菜、白卤燕菜等。这等高级筵席，很注意配菜，讲"君臣布局"，先后层次。配四热碟：鸡皮虾糕、锅贴三鲜、软炸斑指和油酥鸭丁。大菜配葱烧鱼唇、红烧牛膝、大蒜鹿筋、露笋鸭脯、开水白菜、三镶银耳、鱼香鱿鱼和宣腿熊掌等。也还有配荞粉海参。因燕菜出面，仿若泰山压顶，海参就不得不退居配菜的从属地位，讲"君臣布局"，它的全部意义在此。

大菜中也有更讲究的，用豆渣全鸭、软炸鲍鱼、清蒸三大菌、清蒸鲢鱼。也有把鲍鱼、海参降为碟子用的，如冷片鲍鱼、拌海参丝条，但，丝毫未贬低他们的身份，反而起了烘云托月的作用。如清蒸三大菌、软炸鲍鱼，都是奇峰突出的神来之笔，有创造性的劳动，不是大厨师、高手是做不出来的。

燕席的"中点"也不得不更进一步讲究了，有用撕耳面、虾饼、荞凉粉（洞子口的）、酥锅魁（皇城坝回族打的又薄又酥又脆），全部以原小吃加工，做得更细致、更小巧玲珑，犹之戏剧上的二度创造。

高举"川味正宗"前进

从田席、海参席、鱼翅席、鱼肚席、裙边席、鲍鱼席、燕菜席发展来，由低级粗放到高级细做，都是在原有川味基础上发展提高，按"川味正宗"烹调艺术规律发展的。第二次世界大战中虽有西菜入席，但也仅仅做到"西菜中吃"，不失主体。在川菜各大餐馆中、燕蒸业本行里，还是要推荣乐园为代表，其中又以蓝光鉴老先生最孚人望，从烹饪技术到他的做人道德，都是当之无愧的。他高举"川味正宗"大纛，早在30年代初在布后街荣乐园原旧址改建新房，一楼一底之青砖木结构开席大间，可安几十桌筵席。其食用餐具均是江西瓷及上百桌的象牙筷子。蓝氏收藏了不少名家字画，曾在楼上大厅展出，这在当时成都餐厅里是破开荒的第一次。蓝光鉴主持荣乐园有一个突破，他顺应当时食客的需要，从实惠、经济、省时出发，决定把传统出餐形式的席桌台面，来一个大改革，把原来程式固定下来的瓜子手碟、四冷碟、四对镶、四热碟、中点、席点等打垮拆散，重新组合。首先废除入席前的"中点"，宾客入座后，上四个碟子（冬天热碟，夏天冷碟），跟着上八大菜，最后上一道汤吃饭。这种台面短小精干，可以把鱼翅、鲍鱼乃至燕席一二菜肴精选上席，食甘精华，增添风味，同时又减少了为原先程式安排的那些凑数的次等菜，节约了顾客的开支，因此深受称赞。这样的席桌，蓝老先生给它取名叫"便饭"，人们在请客帖上写"便餐"或"便酌"。以后燕蒸业全部采取这个"便餐"形式。

他的这种"便餐",也还不是他一个人的主观设想。事前他也广泛征求各方面的意见,荣乐园早上在天井内有个茶会,都是老顾主、老朋友来天天聚会,在闲谈中早就谈到宴席的改革了。另有一批匹头帮、庄客、金融界人士,他们长期在荣乐园有酒会,是既要吃好,又要吃省(省钱省时间),蓝光鉴也向他们征求过意见,然后他综合各方意见,再同他们蓝氏三兄弟间,共同研究,才把"便席"推出去了。

杂谈"烹饪艺术"

钱学森认为"烹饪美学"一词欠妥。他说："美学一词包含的是美的哲学，是比文学理论更高层次的学问。作为艺术之一个部门的烹饪，宜称'烹饪艺术'。"

"烹饪艺术"不仅仅体现在做法技术上，它还要通过艺术的欣赏者（首先应该是厨师）去完成。譬如戏剧、绘画等艺术，它是在全部的实践过程中，最后通过观众、欣赏者去完成的。钱教授举出晋人诗句"寒夜客来茶当酒"，他说："表达的意境，不也是烹饪艺术吗？这不是大大扩展了烹饪艺术的实践范围了吗？"同样北京紫竹院内的东坡餐厅不是就高悬叶浅予、丁聪、沈峻、郁风四位名家的联句："出堂堂乎峨嵋、回津津之佳味，旨甘调以充饥、芬馨发而协气。"加上是黄苗子的法书，气势磅礴而浑厚，仅此笔墨，已够使人流连的了。写峨嵋实际上是落笔眉山，四个人品出回味来不但色香味养俱全，最后还解"协气"，可以调和食后的享受、分析、研究、品评；可以禳解一肚皮不入时的文章。此点又与东坡思想脉络相吻合，通过高明厨师制造出美味、完成"烹饪艺术"，妙在还有东坡情调和思想的反馈。若四位艺术家不懂得吃，能够联成这样有趣的文章么？吃而不佳，败了胃口那就什么也说不上了，纵有旨酒甘调，而没有把饮食文化结合之做法，也完不成烹饪艺术的完整性。看来食之道有些不简单，能吃，只能说是福肚的容量；进一步善吃，有选择，善"镕裁"（《文心雕龙》语），极口福之乐而已。要说出一个子曰诗云，带有总结性的品评，此点钱学森的论证指出："烹饪艺术的特点在于味觉及嗅觉，再加口感，即一种触觉。"王朝闻从美学观点也肯定："吃是味觉艺术"，也可以闻出香味来，但那是次要的。钱老认为："烹饪艺术的味、嗅（触）还是现实主义。现在所谓高级餐厅，甚至北京人民大会堂的国宴，都只注意形、色，不讲究菜肴好吃不好吃，这岂不是把祖国传统的烹饪艺术丢了?! 法国人可不这样，他们还保持了烹饪艺术的本质。"于是此老喟然叹曰："我对我国的烹饪艺术有危机感!"老人语重心长，不回避问题。王朝闻一个时候还怕人说"老保"，也许由于他的地位，顾虑太多，现在他也从美学观点坚定起来。我认为如今饮食上的形式主义已到了可怕的地步! 几年前一位刚从海外回来的厨师，做了一尾色彩鲜艳喷香扑鼻的鲤鱼，盛在蓝花大瓷盘内上席，做到美食美器。从视觉与嗅觉而言，是无懈可击的，应为辛辛苦苦做这尾鱼的厨师唱赞美诗。夹一筷入口，除甜而外，什么味也尝不出来。鱼是鲜的，味道仅仅是甜，当然也不等于八宝锅蒸。进到嘴里感觉不是味，然而面对人家的好意，我也要面带乐意。更难堪的是，他们当场还要听听我的意见（这种当场逼供，叫人怎么说?），吃人嘴软，况又是请去做客,我只有频频点头,有礼貌地支吾言辞了。再举例:如有人做了"蜀之胜在嘉州"(明·曹学佺《蜀中名胜记》)的乐山九个峰的全景,还有峨嵋红珠山全景,那完全是走错了门道,于吃已相去太远,只是端上席看一看又被端起走了,要知你做的菜再好看,也远不及做盆景的园林工人,只能落得个两头空。不过,像名厨白茂洲就酣于此道。他做的工艺菜虽然精雕细镂,可还能进口,这当然是由于他的底子厚,从"颐之时"罗国荣处学来的,但花样百出中还保持一个"味"字。味也要具体分析,时下兴甜味、甜酸味之类的菜,弄得甜味压倒一切,多么令人失望! 钱老说:法国人"保持了烹饪艺术的本质","本质"在于"百菜百味"中的那个"味"字,也在于教学生的教法。改革开放,带来一些创新的、有创造性的做法,这是必然的趋势,即鲁迅先生说的"拿来主义",但还要固本,如梅兰芳说的"移步不换形",京戏要像京戏,川菜要有川味,万变不离其宗,首先你是给川人吃的。譬如火锅,尽管今天在建筑、堂彩、布置中争奇斗艳,如有异邦情调的重庆"白天鹅"、宫廷色彩浓厚的"紫禁城",还有可自己钓活鱼起来入锅的"白帝城",以及"蜀王楼"等等,他们都非常看重火锅的味,你只要去到那里,便可以品出在竞争中一个味字的魅力,若得其反,便招致门庭冷落。火锅正在风起云涌,而食客的脚步却不会走错门道。广州的站前街近来开了几家很考究的川菜馆大做起四川毛肚火锅来,一家新瑞华酒楼的火锅,那是一点不走样的麻辣烫,川人趋之若鹜,大家不约而同地在吃舒服时说:"很地道,回到成都了。"妙在还包有水饺,可在鸳鸯火锅清汤中放进，也可在辣汤里煮沸，别开生面，往往使人联想起成都的钟水饺。谈到钟水饺还得多说两句，现在普遍席宴上的小吃中都要上一小碟红油钟水饺，那味道与提督街的钟水饺老店已相去远矣，它只算是一桌席上小吃品种中的点缀与陪衬而已。要说对吃的品评，也就是"烹饪艺术"之最后完成，还有赖于食客深入地细致地品味、研究、比较，最终像李劼人那样做出带有总结性的定评。马识途在为东坡餐厅乔迁紫竹院书中幅时写有："东坡云：宁可食无肉，不可居无竹，无肉使人瘦，无竹使人俗，此处有肉复有竹，庶可不瘦亦不俗。"借东坡原话引出具体环境，借景生情，分外增加一种情趣，这不就是钱老说的："表达的意境，不也是烹饪艺术吗？这是大大扩展了烹饪艺术的实践范围？"

　　去年9月，我去拜访88岁的老画家胡絜青，老舍长公子舒乙也在，不知怎的我们谈到东坡餐厅，絜青老人对之向往久矣，舒乙则说那儿离他们现代文学馆很近，原来他是东坡餐厅的常客，于是我们就定在那儿去品尝有名的东坡肘子与双喜等好菜。那天请来的客人有，丁聪、胡絜青、范用、冒舒湮等。关于冒舒湮，这里要多写两句，他对"烹饪艺术"有研究，是一位吃尽天下的美食家，他的食之艺术化的底子太厚了！祖辈是"明末四公子"之一的冒辟疆（襄），他的兄长冒效鲁曾出使前苏联任秘书，汉学权威阿列克谢耶夫院士称他为"平生所见华人中不可多得的通才"。对中、俄饮食文化，论说都很精到。传到舒湮，家学渊源，多才多艺集于一身，近在《北京晚报》写饮食男女，为行家厨师们称道。解放初周总理见到他便说："你写《董小宛》在重庆轰动一时。"从这里可以看出一位美食家必须具备文化修养和实际品尝经验。许姬传对于肴馔渊源说:"要从我曾祖父珊林先生(樾)讲起,他老人家是道光、咸丰(1822—1847)年间,治经学、通训诂的金石家。"也是大家俞曲园(樾)的入门弟子,好饮绍兴,当然懂得什么是甲戌年、什么是庚子年酿造的了。这次李劼人女公子李眉回来,闲谈中才知道,当年驰名锦城的"小雅"面馆的泡菜、红辣椒也是用绍兴黄酒泡过的,所以才有排队买"小雅泡菜"的说法,并由此传说李家开"小雅"发了财,才遭到匪人的觊觎。将劼人先生独子李远岑绑架,也正是这些闹得满城风雨的传闻,才有了小报上的《竹枝词》:"小雅泡茶绍兴酒,最是知味算匪人。"

去年5月,在东坡菜与东坡宴评估审定会上,与会专家、学者就指出,东坡菜文化品位高,对提高事厨者和进餐者的文化修养,对饮食文明都有积极作用。专家们的话,无非也是在强调一点,烹饪属于艺术。

黄保临谈炊事十则

　　黄保临，又名保宁、宝宁。一日，他在人民南路芙蓉餐厅以他用毛笔写就的"炊事十则"送我。他善书，自己写了对联悬于餐厅，楷书带隶，自己笑说是"跷脚八分，扣二分"。此公幽默乐观，解放前在总府街开"哥哥传"餐馆，那时成都燕蒸业有一个按月轮流内部请客的"转转会"，保临先生以他的粉蒸鲢鱼最为内行称道。他用大鲢鱼腰断成几块加料粉蒸，上菜时加芫荽，加现春的红海椒面，鱼本身用味合度适口。名厨师龙元章吃后说："我就是搞鱼的（他在万里桥下枕江楼做糖醋脆皮鱼最有名，后来在城内学道街义牲园，也以这样菜打先锋），黄三爷这样菜我服了。"美食家李铁夫任成都市市长时，慕名他这样菜，特请黄老炮制，吃后评语是："出手不凡，做法别致，格调高雅，有黄（皇）家富贵气派。"人问："请市长说详细一点，怎么会有皇（黄）家气派？"李答："清淡中见辣味，单是这一手就亏他想得出来，进过大内的厨师门中高手，出手不凡，你我吃了几十年鲢鱼，请问哪家馆子能想出这个办法来？"

黄保临"炊事十则"如下：

一、清洁卫生；

二、庖制洗刷；

三、选择原料；

四、刀口刀法；

五、掌握火候；

六、调味作料；

七、菜肴配色；

八、按季节性；

九、美食美器；

十、科学营养。

"十则"中他特别看中三、五两则，认为选择原料不当，全局皆输。他说鸡人人皆可做，但不首先选择仔鸡、嫩鸡、好品种食味鸡，纵有好本事，好作料，一切全输。他举出牛肉中也要分，黄牛当然比水牛好。黄牛中也还要分食用牛与制革用牛，它们的食料不同，牛肉的质量也不同；炖牛肉与干煸牛肉，以牦牛最好，惜在山区，只有冬季可得（现在冷藏解决了这个问题）。自贡一带制盐地区，过去用水牛，其本身质地较黄牛逊色，所以善于制作的能手，就想出灯影牛肉出来，用麻辣与芝麻香油助威，在另外开辟的道路中出奇制胜。他说："我的粉蒸鲢鱼，取酒杯粗的鲢鱼，这样粗的鲢鱼，照说只能同鱼头一起去熬汤去了，但我用它粉蒸。上粉子前我有我的诀窍，我用喷壶喷料酒在鲢鱼切的块子上，然后上粉子，如此这般，既避其腥，又易蒸出美味。蒸鱼不用多大火候,蒸好端出就上席,我这叫热炒热卖。"他又说到第五则的"掌握火候":"牛羊肉炖、焖、煨在一个炽字;肝腰火爆,在一个快字;坛子肉就要温火、先开后温,以温为主,所以这样菜要预定,我家烧坛子肉,首先要净坛(这是合于他的第二则'庖制洗刷'),一定要装过绍酒的坛子,越陈越好,装女儿酒的坛子更好(合于第九则'美食美器')。成都人冬至炖牛肉,只有荥经县沙锅炖出来的味道特好! 特好!"

保临老先生离开我们多年了,他对于四川烹饪深入细致的研究,实在是一笔宝贵的财富,使人常常怀念他。在省外,不少人问起他们黄家、黄晋临兄弟,姑姑筵,关心黄家一派烹饪做法。在成都黄家川菜,是独树一帜的、别开生面的做法。也算是一家包席馆,但规模不大,只承包二三桌,顶多四桌,要预定。菜以家常味出之,尤重时令蔬菜与鲜味鲜活的配合,善于创新,如烧牛头方、烧牛护膝等。菜单黄晋临自定,由其家属掌厨上灶,只请了一二位能手名厨做掌墨师,如新津的罗国荣、杜鹤龄、曾青云等。

吴教授的川味比较学

吴白匋教授,江苏扬州人,他于1938年来到成都,在抗日战争前,曾在大江南北品尝了川味。那些省外川菜馆,都打的"川味正宗",与他们江浙味比较,发现川菜味浓味厚,有些味在未习惯前,不能接受,如麻辣味。但是不带成见,多吃几回,就会发现麻的花椒同辣的海椒,有互相制约、融合一体的作用。他从比较中进一步发现,同是辣味,回锅肉比盐煎肉辣些,但有的回锅肉不放豆瓣酱与辣椒,只放京酱,那就比盐煎肉还不辣了。而且盐煎肉与回锅肉做法也不同,盐煎肉都是生爆肉,回锅肉要先煮熟,切片再回锅,一生一熟,下料亦有分寸。他进一步品尝出回锅肉各家有各家的做法,体现了"百菜百味",尽管如此,但川味回锅肉做法,外省是没有的,独具一格。

吴白匋其人很风趣随和,广交游,语言幽默。他随南京金陵大学迁川到了成都,结识了文化界上层人物,社会名流,发现蜀人热情好客,同情逃避来川的异乡人,邀请去品尝了大宴小餐乃至家常味,他在短暂几年中对于川菜有了一定程

223

辑三 川菜的历史文化

度的认识。以花椒为例,他们扬州人是绝对排斥的,纵是微辣也拒绝微麻,认定一麻什么味也感觉不到了。当然这与地方性、地方习惯有关。但在吴教授试探性品味之中,发现了花椒虽麻,相对地抑制了海椒之辣,并且挥发出一股股浓郁的香气,增加了食欲。抗战中我也接触了不少扬州人,他们不像吴白匋这个扬州人,抱着虚心品味,从中比较去下结论。与之相反,他们先抱成见,拒绝花椒,尽管抗战八年住在四川,终于把椒盐味排斥在他们的食单之外了。在成都的外省馆子也坚决排斥这一条,如当时有名的四五六、大三元、北味的宴宾楼、广味的冠生园、津津酒家等。看来外省人拒麻甚于辣。可是作为美食家品味,吴教授以"别有风味"去品尝川菜,他说:"海椒虽然火爆,终究不是毁掉一切的火;花椒之麻也不是使舌头失去知觉的麻醉剂:它们都是食品,是舌上味蕾可以接受的。我的经验是首先从心理上解决,不要怕他们,要勇于品尝它们。"这种不入虎穴焉得虎子的精神,终于使他打开川味之门,"再细加咀嚼,则不仅是鸡鸭鱼肉的原味依然可以分辨,而且会感到味道更厚了。最奇怪的是咽下去以后,回味却是清而甜的"。由此可见,美食家之品,有个由表及里、由外到内、由浅入深的过程。品也者,是细细咀嚼,在复杂的复合味中,品出原味、真味出来。什么是原味?以鸡汤为例,不放盐是原汤味,放了盐仍然是鸡汤,可不是原汤味了。什么是真味?以白油苦笋这样菜为例,笋子本身就有一种苦涩味,先煮后才去水,即去其涩留其苦,这个苦有一种回味,有如鉴果回甘。吴教授赞道："真是大有诗意！"他说："我见过唐代大书法家怀素的《苦笋帖》，读过宋代大诗人黄庭坚的《苦笋赋》，闻名已久，当然要多尝几次。我们的美食家先掌握了理论根据，然后正本清源，在理论指导下去寻食，实地品尝经验，有利于他在比较中说出好坏，这样就避开了主观片面性。"他举出实例：他入川第二年春天，自信舌头已练有几分麻辣功了，由友人带路去万福桥头吃闻名遐迩的陈麻婆。一个下江人第一次吃麻辣烫酥嫩的陈麻婆豆腐，是怎样的感受？他说："果然名不虚传，要比过去所吃的（沿长江一带码头也多打'陈麻婆豆腐'的招牌）仿制品浓厚鲜美得多。"区别在于：仿制品是味道浮在豆腐表面，而这道地货却是由馅子和所有作料、小宾俏的滋味都深深地浸透到豆腐的骨子里。……我发现好处就在于烫，因为温度可以加强食欲；说也奇怪，吃下一勺，再吃第二勺，就不感觉多么烫了。于是乎吃完一碗，再叫一碗，烫得头上出汗，全身却很舒畅。他的结论是："品尝川味，凡事经过实践，习惯成自然，……品尝正宗川菜非到成都不可。"

　　他把下江同成都"天府之国"比较，主要在"土地肥沃，气候温暖，适合蔬菜生长，所以品种特多。下江所有的蔬菜，差不多这里都有，而且长得肥壮；下江所没有的，如青菜脑壳之类，这里独有"。刚过春节，他在菜市上买到豌豆片，质软透明，豌豆只见细粒，荚子却又脆又甜，用以炒肉片很好。他不无感慨地说："扬州人爱吃豌豆尖和四川人相同，但从不晓得吃荚子，这应该向四川人学习。又如蕹菜芽，也可在初春时吃到，长成藤藤菜后可口得多。这些都说明成都厨师善于在蔬菜丰富的基础上，进行选优拔尖。"

　　吴白匋教授认为成都猪肉质量超过扬州，原因是猪种好，皮薄肉细，品种尤佳。"我住成都三年半，就从未遇到过带有腥臊气（扬州人叫做'猪毛味'）的猪肉。"他也指出鱼的种类和产量比下江少。他也品尝过南门大桥枕江楼的醉虾，认为小了一些，产量也不多，其他菜馆中没有醉虾是一憾事。有一次他在荣乐园吃到一样不见经传而应列为珍品的"金钩玉笋"，这款菜端上席桌，尖头圆身，很像初出竹林的小嫩笋尖儿，以鲜汤鸡汁烧之，色彩清淡，格调高致。他夹一个细看之下，上面隐约有颗粒出现，但不明其究竟为何物。再进口尝试，有些甘甜味，可以大胆肯定不是笋子，那么又是什么呢？从江南吃到蜀国，使博学的教授竟然一时莫知其所以？惶惑了。旋又再吃细品，仔细分析，乃恍然大悟！此是四川厨师高明处——原来是玉蜀黍初生的小嫩包包，以其烹饪技艺之精致，竟能化粗粮为珍品。一切蔬菜在其萌芽状态的时候，都是精华内蕴，"松风水月未足比其清华"，既然竹子幼苗为笋，玉米的嫩苞当然可以为玉笋，加上金钩，鲜味推出，极口福之乐！他十分赞美川厨特长在于调味与火候这两个方面，所用调味作料之多，远远超过其他菜系，在某些菜调厚味，为吃清淡者所不喜，如叶浅予大师，就对我明言："我不喜欢川菜，味太浓厚了！"可不能一概而论，如这个金钩玉笋，清淡高致，也得到吴白匋的好评。再如开水白菜、素烧菜脑壳等川菜，并没有浓厚味的，有不少川菜用淡油清炒,还有专门的清汤席,连一滴红油也不见了。吴教授还推崇川味之美还在一个"鲜"字,他说:"成都味在川味之中,精华荟萃,就更鲜了。"

我们读了不少外省人谈川菜的文章,谈得精到,品得细致,评得得体的文章,还是要数吴白匋教授。

烹饪比赛评审侧记

四川省第一届烹饪技术比赛（旭水杯）评判质量标准,共分五类即:味、质、形、色、特色与难度。

色,指主辅调料通过烹调显示出来的色泽,以及主辅调料的汤、芡、汁相互之间的色调搭配是否谐调悦目。要求色调明快、自然、大方、美观。使用人造色素的不予高分。这个规定很合理,本色本味,不掺假,也避免了非食用色素对于人体的危害,这次会上这一点是完全做到了的。

味,要求味道纯正,调味准确,主味突出。要无异味、焦煳味、腥膻味。异味不等于怪味,"怪味鸡"之"怪味"是一种体现特色的调味技术,起到破格的作用。美学上有一种缺陷美,如毕加索当时在绘画上惯用的压缩、扭曲、不对称的变形手法等。但是在烹饪上有一条:"以味为主,要好吃"。"怪"表现为特殊的好吃,"怪味鸡"从街上的小摊子走进筵席,在选材、调味、色泽上越做越精越好吃即是明证。何况"怪味胡豆"已行销全国了。

形,指菜品成熟后的外表形态,要求形美自然,主辅料搭配合理,刀工细腻,刀面光洁,规格整齐、汁芡适度、油量恰当、装盘美观,器皿与菜肴谐调。这次参加摄影工作的同志们对这个"形"字,体会最深,我问过一位摄影的同志:"你们怎样取舍?"回答是:"不是我们怎样取舍,而是它本身的取舍。"关于"器皿与菜肴谐调",中国烹饪协会成立时王利器讲话中提到:我们因器皿与菜肴不谐调,在国际比赛中吃了亏。这次比赛中,虽注意了这个问题,没有出什么纰漏,但也嫌器皿上单调了些。那些蓝花底子深浅绛色边子,古色古香的厚瓷盘不见了。去年在江西、福建,看了餐馆里都有这种新产品仿古的瓷器上席,大方美观,达到"美食美器"的效果。我们这里指的"形"是菜的形,不是指器,但菜必以器装起上席,从整个席的台面考虑它的完整性,盛器也应该讲究。

质,指菜的嫩、脆、软、炽、焦、松、糯等等质感,这就要求火候的准确,每一菜符合它各自具有的质地特点。从总的说来"口之于味有同嗜焉",但它又有其不同之处,即地方特点,在地方特点中,又各立门户,各树其"看家菜"的"家"传本事。如过去荐芳园的"巴掌鱿鱼"、明湖春的"葱烧海参",它就是各有个性站得住脚,别家不能代替。再如曾国华40年代在"蜀风"推出的"凉粉鲫鱼",这次参加评比中也有这一样菜,做得也很有水平。

这个"质"的评分,既难也不难。如菜生、火候不当,过火或欠火,那是容易定评的,但要达到"质地特点",的确是不容易的。但从评委16人的评分看来,有一点完全可以相信:即"错七不错八",总的看来,大致相同,基本不差。每菜在评分表上由评委签名后,还要交汇分员算出本菜的平均分数,再由总分员汇分,结算出每名选手总平均分数,经评委会主任审查,最后评定出单项分,并经复审复议后,由组织委员会决定由高到低依次列定金牌、银牌、铜牌奖和三项全能奖的获奖名次,分别颁发奖牌、荣誉证书和纪念品。

组织是严密的,从早上开始比赛起,但听得算盘珠子不断地敲动,直到下午6时停赛为止,就评委这一摊子看来,也随一道道菜的上下,亦步亦趋,对每一样菜品尝后(不能说"吃",若说"吃",谁也没有这样大的胃口,连续7天,闭幕式中正式数字是三百几十样菜,实际上不止此数,如围碟、冷盘、对镶等)评分,然后又上菜了,目不暇接。

评分的最后一项是:特色和技术难度,指在刀工、调味、烹制方法等方面的特色和难度。刀工难度如肉丝、肉花、肉片、块条等;调味难度如怪味、鱼香、荔枝、椒麻、咸鲜等;烹制方面难度如干煸、干烧、炸收、干收、炒、烧、蒸等。

这次参赛的代表,由各市、地、州自下而上,层层推荐出60人,具有川菜烹饪技艺水平,是检阅全省川菜烹饪技术力量的一次盛会,也是川菜烹饪技艺交流的一次盛会,要选出最佳项目和优秀人才,上京参加比赛。

也还有值得注意的地方:如不用重油,这本是无可非议的,但也不等于清汤寡水;去重盐也是对的,但也不等于淡而无味。要使川菜走向全国、走向世界,立足于"在传统基础上"去发扬光大,要学习世界先进烹饪技艺,不断创新,但不要走形式主义,

"不要搞花架子"、华而不实，那种"物以稀为贵"的做法也是不可取的。主要是突出川菜特色，不断创新，不以珍奇取胜，不忽视菜点的食用价值（营养、卫生），不以国家明文规定保护动物为参加比赛的原料，这次会上对这点是做到了的，应当坚持下去。但工艺菜的形式主义仍值得注意！有些为了龙年应景，在"龙"字上大做功夫，做出长城、天坛、烽火台等，俨然是"沙盘造型"。为了突出地方特点，就把本地方的名胜古迹堆砌了上去，如果工艺程度差一些的，那就既不好看，也不好吃；或既不好看，也不能吃。而大会要求的正是："以味为主，要求好吃"，不是其他。

通过比赛可以看出，我省川菜烹饪技术水平有了很大提高，如菊花豆腐、干煸肉丝、八宝葫芦鸭、家常翅掌、梅花鱼肚、原笼玉簪、油酥家常牛肉饺以及一些地区富有地方特色的菜肴等，得的分数，几乎是一致的。以味为主！突出了川菜"清鲜醇浓，麻辣辛香，一菜一格，百菜百味"的地方风格、地方特点。

回眸世纪说川菜

百年来川菜的变化,上要追溯到清末一段时期。清王朝的封建统治,有个规定:本地人不得在本地当大官,叫做"避籍"。由腐败封建的清王朝放外省人来代其统治。大官是讲排场的,使其"有威可畏"。如当时四川警察总监贺伦夔,是个北方大汉,讲究吃,外号"贺油大",带了名厨进驻成都;劝业道的周善培(绍兴人),带来了长江三角洲的名厨,讲究清淡细致,高格调。仅这两股有代表性的南北名厨,对于川菜,产生一定影响,那个时候还没有什么"盆地意识"的说法,加之封建王朝的统治势力,影响所及,川菜招架不住,何况还受到限制,那时候成都少城为旗人势力范围,竟然没有一家像个样儿的汉人开的餐馆,待到光绪二十三年(1897)、合江人李九如来成都,通过官方与人事关系等,才在祠堂街关帝庙开办了聚丰园餐厅,成都人眼界大开,称为"聚丰南堂"。李九如曾在北京主厨近十年,不仅懂得南北味,乃至八大菜系在京城之中,他也了然于心中,故他创业的聚丰园,在菜肴上,还开设了西菜部分,那时驻蓉领事馆宴客,也请李去做菜,服务于法国领事馆的郑绍卿办外事宴客,也去找李九如,使之中西合并,还出现了酸辣牛尾汤、九斤黄鸡六吃等带有创造性的菜肴,其实早些年李九如打通劝业道的周善培、成都商界的名人樊孔周等在华兴正街为配合新建的劝业场(今商业场地址 1907 年兴建)开设了最早出现的聚丰园(在今华兴正街成都著名的市美轩比邻)。饮食文化的交流,人的关系的结合,1861 年出现了包席馆正兴园(原棉花街湖广馆今蜀都大道东风路二段)。此园为满人关正兴开办,专事官厨,带来了京派的"满汉全席"等及满族厨师戚乐斋、宝贵书。名厨荟萃天府,形成南北合流局面,其中出现了蓝光鉴,开办了荣乐园(1911 年),继承和发扬了正兴园优良传统,培养出吴文宣、周映南、张松云、孔道生以及去世的曾国华等,蓝老说过:所谓"川味正宗"者,实际上是集南北烹调高手做的地方名菜,融于四川味,以川人喜吃的味道出之。文化交流,互相渗透,相辅相成,这才带有创造性的正道。

　　建国以来,翻开新页,川菜得以繁荣和发展。特别是近十年,餐饮业发展十分迅速,人才辈出,远及海外。发明创造,也应有它自己的"味在四川",自己的风格,自成体系,这才能证实"越是地方的越是世界的"箴言。

　　世界厨师主席、加拿大人汉斯·富士勒,1986 年在中国烹饪协会上说他带来 39 个国家烹饪同行的祝贺:"多少世纪以来,全世界用中国烹饪艺术的天才不断地丰富自己。"川菜应立足自己,放眼世界,迎接 2001 年的到来。

杂谈酒能消愁

宋朝人叶梦得写的《石林诗话》中谈道："晋人多言饮酒，有至沉醉者，其意未必真在于酒，盖时方艰难，人多惧祸，惟论于醉，可以疏远世故。"陈平、曹参那时的人（当然是知识分子），大都懂得这个办法，喝点"尼姑尿"，说点麻麻渣渣的话，好混日子。《汉书》记陈平于刘、项未判之际，"日饮醇酒，戏妇人，是岂真好酒者耶？曹参虽与此异，然方欲解秦烦苛，付之清净，以酒杜人，是亦一术"。喝点冷淡杯，在那动辄得咎的时代也还要用点心机，提防狂热的告密者，就说借酒消愁，也是煞费苦心啊！

东坡《和渊明饮酒诗序》中说："吾饮酒至少，尝以把盏为乐，往往颓然坐睡，人见其醉，而吾心了然。……在扬州时，饮酒过午辄罢，客去，解衣盘礴终日，欢不足而近有余"，达到"书到读透处，酒于微醺时"的境界，他才是真正的善饮者，他还指出："江左风流人，醉中亦求名。"这是切中要害的中肯之论。

酒能解忧么？杨宪益老人考证："何以解忧，惟有杜康"是曹操骗人的鬼话，不可认真对待。曹操当时正雄心勃勃，网罗天下豪杰,喜欢听门下的宾客吹捧他是"周公吐哺,天下归正",正在"挟天子以令诸侯"的时候。后来看到汉朝真正是完蛋了,还发出狂言:"若天命在予,吾其为周文王乎?"他怎么会真正认为酒能解忧呢?

邵燕祥有云:"酒不能消愁,更不能疗饥。……面对着人间忧患如海,一醉并不能获得解脱。在有喝酒的自由的时候和地方,何妨举杯。对于自由意志的主人,酒,能使你燃烧,又能使你清醒不醉。"

不论在任何时候、任何地方、任何情况之下,喝也好,品也好,总要得其真酒,假的可来不得,倘是为"解忧"而吃到假酒,那岂不更添加一些惆怅?

筷子、食道及其他

很多到过成都的中外朋友,去到祠堂街努力餐,对于餐厅的竹筷套子上用红字印的餐厅主人车耀先遗留的两句话:"若我的菜不好请君对我说,若我的菜好请君向君的朋友说。"感到新鲜而有兴味,且有礼貌,把顾客与餐厅的关系一下子就调和得亲近融洽;没有咬文嚼字,却使人感到主人说的话一片真诚;就文字宣传技法上说,新颖别致,明白如话,看过后,就记住它了。有的远道食客还把这个筷套子保存下来,作为在努力餐用餐后的纪念。

去东北,听人说沈阳一家青年饭店的筷子上印有饭店的名字,日本友人爱不释手,在表示想要而未开口时,好客的主人把筷子送给他们,他们感到这是最好的纪念品。我们四川兴文、江安、长宁一带,出楠竹,做的筷子质地结实,造型大方,近年来工艺程度尤有进步,买了一盒兴文竹筷送给侯宝林,这位语言大师啧啧称道,进入无语言状态。

从筷子到筷套子之进展,总算是食道的历史长河中一个进步。或问:筷子起于何时? 有人说:筷子的发明,至少比西方人15世纪才发明的刀叉早2700年。《史记·十二诸侯年表》:"纣为象箸,而箕子唏。"武王伐纣,从西周算起,约在公元前11世纪—公元前771年了。这是粗略的算法,去我们很远了。美籍华人著名物理学家李政道博士,一次在接受记者访问时,他高度评价了中国古代的科技成就。他从中国人使用独有的筷子这一点论证:中华民族是个优秀的种族。他说:"中国人早在春秋战国时代就发明了筷子。如此简单的两根东西,却高妙绝伦地应用了物理学上的杠杆原理。筷子是人类手指的延长,手指能做的事,它都能做,而且不怕高热,不怕寒冻,真是高明极了! 比较起来,西方人大概十六七世纪才发明刀叉,但刀叉哪里能跟筷子相比呢?"在今天,地球上人类进食的方法主要的有三类:即筷子、叉子、手指。叉子吃西餐,集中于欧美;手指用于非洲,其他地方也散见,前年去西昌地区之普格看火把节,山上少数民族也用手指进食,他们把饭菜装在布袋里头,用手抓来吃;筷子则集中于东亚大部分地区。就数量而言,用筷子的在地球上占绝对多数。问题不在于人之多寡,在于各地饮食用具的习惯、吃法,有时且非如此不可。如吃重庆的毛肚火锅(包括一切火锅),在烈火、浓油、沸汤之下,就必须用竹筷子。又如四川之锅巴肉片,火爆菜肴之类,不用筷子行么? 扬州名菜鳝糊,从灶头端上席桌,仍然滚油翻腾(他们用麻油下锅,故能保持高温从红锅到桌面,这应当说是扬州厨师一绝),如不用筷子而用其他进食工具,都是不能想像的。

解放前成都食客们自备有特大圆桌，可坐20人，筷子也是特制的，长几达一米，江湖上人称"檬杆"者，正是这种类型；在湖南地区用的筷子，最长的也有一米左右。食道战场扩大化，作战工具相应地延伸，有利于饕公们一场好厮杀。这种特大型的桌与筷，包席馆子和大餐厅也没有，只有吃"转转会"的饕公们自己设置，轮到哪一家吃，就用到哪一家去。日本也有一种长一米多的有色筷子，是在做油炸菜"天妇罗"，或下面条时用，同我们捞面的大竹筷一样，不上席的。日本筷子较短，筷头细而尖，像圆规的脚，日本人喜食鱼片，用来方便也。

筷子从竹（楠竹、斑竹、天竺竹、川西平原上的慈竹等）、木（红木、楠木、枣木、冬青木等）制作，进而为"犀箸"、"象牙"；历代以来还有金（唐玄宗曾赐给宰相宋璟以金筷，赞誉他的品格像筷子一样耿直。金筷专用于帝王皇妃。旧社会上海犹太富豪哈同，他的老婆罗迦陵生日，开上了百桌豪华酒宴，其中贵宾席全用金筷）、银、铜、铝、不锈钢、塑料、复合材料、玉、骨、象牙等材料制作的。清代御宴有银筷，《红楼梦》第40回写王熙凤用的"乌木三镶银筷"，云南祥云出土有春秋（公元前770—公元前476年）时铜馆墓内的铜筷等等，几千年变去变来，万变不离其宗，在东亚地区，吃东亚人所做的一些菜，还是以筷子受用。过去的银筷，也不过示其阔气而已，倘用于云南的过桥米线、北京东来顺的涮羊肉火锅，金属传热，以金、银、铜等金属做筷子，就不堪设想了。又有一说："犀箸"与银质筷子可以解毒。有一种说法：在吃菌子做的菜，要用银筷，防止中毒，银筷见毒就变黑了。没有实验过,附此一笔待考。历史上的权贵人,总是想到有人要害他们(其实他们先用权贵害人),用"犀箸"与银筷辨毒,那也不过是少数害人虫胆怯心虚而已。清朝宫廷饮宴,每道菜都要插一块小银器,证明此菜已验过无毒。

筷子据说是公元4世纪到6世纪,从中国经朝鲜半岛漂洋过海传入日本。三国(公元220—280年)时的史书《魏志·倭人传》写着:日本当时是用手抓饭吃,到了日本奈良时代(约1200年前),他们的第一部史书《古事记》中,才出现筷子这个词儿。日语中"筷子"另作"箸"、"筋"、"筴",同我国古汉语是一致的。他们对"箸"字的发音,也和我国福建省沿海一些方言中的读法一致或大体相近。为了感谢筷子一日三餐为人生存果腹,日本的习俗,还把每年的8月4日定为"筷子节",多么有趣的节日!

我们的南极探险队J121船在阿根廷的乌斯怀亚市,火地岛地区的海军司令官喜欢中国传统菜肴和筷子,吃完饭,他要求把用过的竹筷子留作纪念。这位海军司令官对中国筷子,一见如故,难怪日本人对筷子有感恩似的情感了。第二次世界大战中,那时称为盟友的美国空军来到华西基地,他们在荣乐园、颐之时等大餐厅吃席后,把我们江西瓷烧的杯、碟、调羹,连江安的楠竹筷子,也一并"顺手牵羊"而去,据说是他们习惯上的一种爱好之表现。那时江安楠竹筷子造型是上方下圆,筷头雕刻镂空有装饰性小狮子,上节四方形筷柱,用火绘(后来用化学品印上去)"抗战到底"等字,无论造型及工艺程度上,远不及今天的美好,今天我们有五色漆筷、玻璃筷、广角筷、塑料筷等。上海豫园商场开有一家别具一格的专业商店——上海筷店，人称"筷子大王"。它经营全国各地的筷子精品近百种，有耐高温的福建漆筷、苏杭的戏文冬青木筷、龙凤御餐天竺筷等。值得注意的是：现在市场上发现有两类有毒性的筷子：一种是台湾生产的象骨筷，经上海有关部门化验，这种筷中掺入了大量价格低廉、含有毒素的"电玉"；另一种是以调和漆、清漆为装潢涂料的竹木筷，由于涂料有毒，对人体有害！

传说美国前总统尼克松访华时，在宴会上使用过的一双筷子，被加拿大《多伦多环球邮报》驻京记者伯恩斯所珍藏。后来有美国收藏家愿出 2000 美元的高价收买，但伯恩斯不肯割爱。中国民间文艺研究会，上海分会会员蓝翔，毕生酷爱收藏筷子，据说他已收藏有济公佛筷、岫玉筷、乌木筷、景泰蓝筷、毛主席纪念堂象牙筷等一百余种。尽管有多种多样的筷子，但是咱们四川江安楠竹筷子，质朴厚重，展现了它那川南人粗犷线条的性格，故多为异邦人所喜爱。"愈是民族的，愈是世界的"。这话一点也不差。小小筷子，早已超越了食具的范围，而成为人们交往中的礼品了。四川的楠木筷、浙江的天竺筷、福建的漆筷、北京的硬木、景泰蓝、象牙、玉器等精美工艺相结合的高档筷，早已驰名海内外了。

筷子不像欧美人用的刀叉，刀叉最早是厨房灶上使用的烹饪器具，后来进入餐桌，却受到莫名其妙的待遇，有人认为是恶魔用的不祥之物。在古代雕刻艺术中，就有魔鬼抓着叉子和巫婆骑着叉子的奇怪构图。法国有名的历史学家弗纳德·布赖得尔曾引用中世纪德国一位牧师的话,对叉子作了如下的说法:"如果上帝希望我们使用这种工具,那他绝不会赐给我们万能的手指。"看来这位牧师有些保守。

人类使用刀叉,在进食使用工具上是大大地进了一步。从殷墟出土中,只有牛羊骨头,那时人类处于原始的生活中,只有手撕啃。有了刀叉,筷子就不见得人人习用了。就我们用筷子的国度来说,晋朝的《世说新语》上载有王兰田吃鸡子,左夹右夹总是夹不住,这位姓王的急性子火了,把鸡子倒在地上,看见鸡子在地上打滚,气得用脚去踩踏。(《世说》上的鸡子,即北方人喊的鸡蛋,不是我们四川人叫的鸡。)刘姥姥进大观园,王熙凤有意作弄安排,用象牙筷给刘姥姥去夹鸽蛋,戏侮乡下人,恶劣!但也可以看出:有一个不习惯的问题。千变万化,筷子的功能还在实用。

筷子对我们说来,是最常用的食具,本身轻巧简单,有夹、挑、舀、扒、剔等功能。日本学者研究,用筷子夹食,牵动手指、手掌、手臂、肩膀等三十多个关节和五十多条肌肉活动,有助于锻炼大脑的灵活性,有利于小儿的智力发育。

随着科学的进展,对筷子使用上,就不得不提出新的课题:即要筷子分工,在公共场合首先使用公筷、专筷。其他使用筷子的国家地区已找到解决问题的办法:日本人从大盘夹菜到个人碗里,备有第二双筷子,在自己的家里都有自己的专用筷,专筷中又以长短、各种形状、颜色去区分。另外还有一种"卫生筷子",在野餐旅游中,宴会上都可用,等于我们大餐厅、火车上用的"一次性卫生筷"。

看来，使用筷子要不断进行改革旧习惯的宣传，坚持使用公筷、私筷，人手一筷，杜绝带菌传染。其实我们的古人早已注意到了，《礼记》和《论语》中早有记载，指出进膳时"食不共器"、"共饭不泽手"（手不要伸入碗里），不过没有坚持下来。眼下生活好过了，饮宴之风起兮，"进菜"之风——这股落后的歪风，又盛行起来。主人带头进菜，表示敬意；客人又回而敬之，好像非如是不足以言"礼貌"。

我们的首都，北京人民大会堂举办的各种宴会，已全部实行了分餐制。为了防止疾病传染，提高群众健康水平，北京正在饭店、宾馆、招待所推广分餐制和公筷公勺制；在一些大饭店里，还采用了由服务员轮流给各位就餐顾客布菜的方法，服务员把新上的菜先端上桌子供顾客鉴赏，然后布菜，这么做既适应了分餐的需要，也考虑和照顾到中国菜肴具有色香味形的特点。

实行"公餐制"也必然要涉及到公筷以及"一次性卫生筷"的问题，北京大部分餐馆用的木质卫生筷，既卫生又减轻了人员的劳动强度。可是有人提出：木质筷不能全面推广，我国是一个贫林国家，每人平均拥有木材 0.05 立方米，大大低于世界水平，大量木材仅仅使用一次就被废弃，实在太可惜！于是又有人提议：制订回收木质卫生筷的办法，将使用后的卫生筷回收起来作为造纸原料——如果不这样，那就要求厨房用具的现代化，饭馆应加强餐具消毒的管理，在确保餐具卫生、清洁条件下，尽量采用可重复使用的筷子；严格控制木质卫生筷生产，代以南方的竹筷,但亦必须如木质筷那样确保消毒管理。

筷子的演变、进化,到目前的形势就有这样的严峻,面对着我们每一位用筷子的人。

清代人程良规写了一首《咏竹箸》的诗:

> 殷勤问竹箸,
>
> 甘苦乐先尝。
>
> 滋味他人好,
>
> 乐空来去忙。

是"殷勤问竹箸"的时候了。以往人对"病从口入"这句话的理解,往往偏重于食品及餐具本身的保洁,却忽略了落后的就餐方式,也会使筷子成为引病入口的直接原因了。1988年元月上海经历了一场可怕的甲型肝炎,新华社记者报道:临床诊断与流行病学调查发现,这次90%左右与吃毛蚶有关,可是有众多的肝炎患者,并没有直接吃过毛蚶,而是间接地、交叉感染得病的。其中,筷子也应是间接传染的媒介。经过消毒的公用碗筷,还能发现每碗有细菌3100个,一支筷子有细菌1700个。一般情况下,沾在碗筷上的痢疾杆菌和伤寒杆菌,在24小时后仍然活着,看来非分筷分食不可了。

分餐制已在七届人代会中代表团驻地揭开了序幕。每位代表面前,放着两盘四种菜肴,味兼南北,烹调得法受吃。汤盆中放着公用勺,消毒筷子用餐巾纸包裹着,给人感受上可以这样说：放心了。过去用于推车送大盘菜肴，现在改用不锈钢托盘把菜送到每位代表面前，菜的分量相等，但另设有自助餐桌在旁边，盛满几大盘菜，任君选择，只要胃口好，大快朵颐而尽兴。分餐制，是一场对传统饮食方式的变革，不可小视，宣传工作应当持之以恒，首先从个人做起。分餐制的好处：方便、卫生。上海流行肝炎以后，据说不少餐厅坚持下来，但近来又有些松懈现象！

我们古人也注意到食前卫生，东汉唯物主义哲学家王充就指出："虫堕一器，酒器不饮，鼠涉一筐，饭捐不食。"这是说食品受到污染，要丢掉它，不要食用。汉末著名医学家指出："六畜自死，皆疫死，则有毒，不可食之。"当然也包括看不见的六畜，传染细菌。我们今天，有了科学进步提供的物质条件，但也不可自持，要求合于卫生条件的严格分餐制，使用公筷，提倡进膳时使用私筷，养成良好风气与习惯，保持健康，延年益寿。

辑四　名厨名酒

曾国华大师

曾国华,金堂人,1914年生。12岁时,由农村来到成都,入荣乐园,拜名厨蓝光鉴为师。他从挖炉勾灶、烧火洗碗、理菜打杂等学起,经历了旧时一个学徒三年期的全过程。他勤快灵活,经名师指点,耳提面命之下,他能很快地心领神会,于是深得蓝光鉴喜爱。曾国华作为当时荣乐园培养学徒中的"尖子",不到30岁便已在成都市厨坛中崭露头角了。

解放前,他还曾在成都第一流的餐馆朵颐、竟成园、蜀风等主过厨,带有创造性的名菜有:凉粉鲫鱼、芙蓉肉糕、鸡皮冬笋鸽蛋汤、酱烧冬笋、家常海参、大蒜鲢鱼等。记得当时东城商业区的一批老饕在邀约下馆子时,都不说去吃荣乐园,而是说:"走,去吃曾国华!"西城长春社的一批酒客也不说去吃蜀风,而是说:"去吃曾国华。"当时不论他去到哪一家餐厅,他的名字便会很快成了那家餐厅的代名词,仅此,我们对曾大师烹饪艺术之魅力便可想而知了。

那时成都的厨师下厨时一般不大讲究衣着,可是曾国华以其较为高大的身躯,穿一件雪白纺绸短袖衬衫,操瓢于红锅上,挥洒自如,做出他的拿手名菜。仅就他这幅烹饪舞台的艺术形象看去,也算得是出色的一表人才,况他那美味佳肴,不知使得芙蓉城几多饕翁着迷,几多酒客醉倒,周企何爱说:"谁是多宝道人?我看曾国华是道人多宝。"

解放后他以精湛娴熟的技艺在川菜传统的基础上发展了传统,如他的代表作"家常海参"在原有下料之外,加了泡青菜,既保持了香辣鲜美的特点,又使这样菜的家常风味更加浓郁。李劼人先生生前很称赞他这样菜,这样菜也正合他在《家常菜》一文中所主张的论点,他说泡菜入席,大有用处,如在"清汤鱿鱼"中加上泡菜,就另外生出一种鲜味,家常泡菜可独立门户,也可步子迈得大些,曾国华在这方面很有几手。荣乐园的传统名菜"炮茼蒿"、"狗地芽拌鸡丝"、"玉笋素烩"、"干贝玉笋"、"豆渣猪头"等,在曾国华手下做出来,分外生香,分外出味。老记者吴衍庆说:"猪头火功到筷子夹不起,只能用调羹舀,入口即化,浓而不腻",至于以"玉笋"做的菜,早已被南京大学教授、著名美食家吴白匋先生誉为"蜀中烹人之智慧"了。

他精于川菜全面技艺,荣乐园二师傅蓝光荣说他是"全手匠人",不特此也,他擅长炉子功,如红烧熊掌、干烧鹿筋、干烧鱿鱼、一品海参、烧龙凤配、烧酥方等品位很高的传统川菜和川味正宗特色。"膏药是一张,看各人熬炼",烹饪艺术的突出点就在于有创造性的劳动。比如他的"清汤燕窝"别生异彩者,就在于一个"汤"字。燕窝本身无味,好汤则使之活脱出味。他说:"用料、用火、用味、用汤缺一不可,用汤又是其中一个重要的组成部分,汤是厨师的本钱,占很重要的地位,如开水白菜、鸡豆花、奶汤素烩等。干烧鱼翅便是先用好汤煨爆软和入味的,海参发软后,也还要用清汤煨几道;熊掌有股膻味,用黄酒浸润,最后还是要用红汤烧煨,才出得来鲜味。"他认定:汤是技术,是根本,要善于用汤,真正上好档次的川菜离不了汤。"唱戏的腔、厨师的汤",信哉斯言。他这一些说法,客观上是把那些只认为川菜是麻辣烫的片面的看法区别开来,还原到"川味正宗"的路子上去。川菜中的"汤席"虽不多见,但一桌全以汤做的"汤席",经名厨烹调,那才是无上妙品,如"清汤鸽蛋燕菜"、"清汤鱼翅"、"清汤竹荪肝膏汤"、"蝴蝶海参"、"鸡皮冬笋鲍鱼汤"等等,只有去请教曾国华这位特级高手了。他的竹荪鸽蛋汤,在国外就被誉为"汤中之魁"。这样菜本不是下黄酒的菜,但那些喝"甲戌"、"秋"字的黄酒饮客,仍不放过,品汤时的呷呷之声,可知口齿生香到何等地步了。

他多次为中央首长生活服务,并参与过各种高级筵席的制作。值得一提的是1958年在汉口会议召开期间,他被选派前往为毛主席及与会中央领导掌厨。事前,曾国华就专门去摸清了毛主席的口味习惯,平时喜欢吃哪些菜肴,对其他首长的饮食嗜好也事先做了一些了解。曾国华至今还没忘记杨尚昆爱吃四川豆花(但必须要窖水,以取其原汤原味),朱总司令喜欢吃魔芋烧鸭等等。了解情况之后,曾国华开始布局:毛主席最喜欢吃的是猪蹄(他便用原汤清炖猪蹄出之)、腊肉四大片、鱼脑豆腐、狗肉

（炖炒煨轮换做出）、鱼香紫菜、牛尾。毛主席一般每天中午一杯茅台酒，有时只吃半杯。曾国华回忆说："会议第三天就把我调到甲灶去了，毛主席经常要宴请各国贵宾元首，我做的芙蓉鸡片、炒肚头、麻辣野鸡、粉蒸肉等毛主席最爱吃。还有宫保鸡丁、芹黄鸡丝、鱼脑豆腐。""鱼脑豆腐"所用原料是一种生活在长江中的特殊鱼（他用手比画约有一二尺长），把数条鱼的鱼脑取出后，连同豆腐块熘出味后上席，菜中有辣味菜，毛主席也吃辣味。元帅中凡四川籍的都喜欢吃辣味，回锅肉、蒸菜。曾国华身体好，在40天会议中他聚精会神、全力以赴，他是农村来的学徒出身，他的文化水平不怎么高，但他却有一种对党的朴素情感，这是十分可贵的情感，一直贯穿他的工作。

1980年他被四川省饮食服务公司任命为纽约荣乐园餐厅副厨师长，带领十名厨师出国，临行前四川省领导同志对他们说："你们第一炮一定要打响！"曾国华回答："保证打响第一炮。"入国问境，先了解情况，不打没有准备的仗，知己知彼，经过调查了解之后，根据外国人的饮食习惯、胃口，采取了因地制宜的多味别、轻油少汁、咸淡适中的烹饪方法做菜，推出"成都脆皮鱼"、"鱼香八块鸡"、"神仙全鸭"、"麻婆豆腐"、"鸡豆花"、"家常海参"、"香酥排骨"等，一炮打响，每天营业收入10000美元以上，且节节上升。

"适口者珍"，"糖醋脆皮鱼"这样菜本是成都枕江楼的名菜，可是到了纽约，他们的做法就更加细致，不仅酸甜适度，还在每条鱼的两边用刀划成花纹，深浅一致，整齐划一。下锅后又稳拿火候,使色泽金黄,造型美观,再配上葱白、葱叶、泡海椒丝,青、白、红相间,一股股特有鱼香味散发出来,勾人食欲,每天这样精工细做的鱼,要卖出四五十份,供不应求。由"糖醋脆皮鱼"引出川菜中"吃鱼不见鱼"鱼香味的一系列菜肴同步升高,促使生意兴隆。如"鱼香茄子",在纽约的报纸上被评为"无可比拟的美味!"赞赏神仙鸭子"为汤淡如水,味美似醇"。小吃钟水饺为"丝绸般的小水饺",春卷为"娇小脆酥","核桃泥"为"令人心醉的核桃泥"。也只有那些外国"老记"在吃舒服了之后才能产生这样的形容词来。

由美国一家公司发起,请五个国家的名厨做羊肉烹饪比赛,"八仙过海,各显神通"。曾国华胸有成竹地步上"品仙台",以葱花、泡海椒、姜、蒜等作料炒羊肉丝,味别多、色香够,又鲜又嫩。使得参加评比的专家、记者们食指大动。电视台特写了直播现场,纽约报纸称赞"川味正宗"名不虚传,同时还报道了那家公司除发给曾国华10000美元奖金外,特别请他同刘建成在中国的五星红旗下留影。

一次中国大使馆在荣乐园请基辛格,当基辛格吃到"脆皮鱼",见分菜的招待员正要将盘子端走时,基辛格忙说:"请别端走,全部留下吧。"美国国务卿舒尔茨去荣乐园进餐,曾国华做过"熊猫戏竹"、"松鹤拼盘"、"莲花素烩"等,吃后十分满意,特请曾国华与他合影,著名作家韩素音也是纽约荣乐园的常客,她每次都对曾国华烹饪艺术高度评价。曾回国后,她每次来成都还专程拜访,一种乡音、乡味维系千万里之外的乡情。只有请詹王菩萨出来才说得清楚了。

旅居美国三十多年的纽约市立大学教授伍承祖说:"厨师是文化大使,是宰相之才,通过他们把中国正宗川菜烹调技术介绍给美国,同时也通过烹调介绍中国古老优秀文化。"责任是重大的! 曾国华从出国那天起,就严格要求自己,他同刘建成到纽约那年已经是快 70 岁的人了,可他工作上仍然是一丝不苟,经常提前上班,推迟下班,以身作则,一个严字当头。为了适应在国外一律不准在厨房吸烟的惯例,他出国就立即戒烟,一直坚持下来,直到今天。

曾国华、刘建成所带的十个人团结得就像一个人,他们圆满地完成了祖国交给他们的光荣任务,纽约报纸称他们为"十位大厨","个个都是明星"。《纽约时报》食品评论家米·谢拉顿说:"我们在荣乐园吃的菜,从质量到花色品种,都是我们在纽约吃过的中国菜中最好的菜。"《华盛顿邮报》记者写道:"现在美国人不出大门就可以尝到四川菜了。"当地报刊杂志还多次刊登出特级厨师曾国华、刘建成下厨时的大幅彩照,并配以熊猫抱着四川名酒的插图,掀起了一股"川菜热",曾国华说:"西菜讲究营养,品种较少,味也单调,我们川菜不仅营养丰富,品种多,味道多,好吃,而且很多国家的首脑人物都来吃过,回去一宣传,怎么会不出现川菜热?"他们不仅打响了川菜跨出国门的第一炮,而且像连珠炮一样不断打响,为祖国饮食文化争得荣誉。如烹制"荣乐海参"这道菜,市上有早就发制好的现成货,买回来就做菜方便省事,但他们看见海参发得太胀,影响川菜风格,便不嫌麻烦地买回来自己动手发制,这样既保证质量,又有特色,取名"荣乐海参"名实相副,为纽约其他川菜馆不能代替。又如小吃"春卷",每天供应量大,他们加班加点也一直坚持下去。再以调味来说:国外中餐馆一般都在开门前就调好一天用的几种味汁作料,炒菜时舀一瓢烹上就是了,这等于做"大伙庄稼",图省事是要影响质量的。他说:"我们炒菜的味汁,都是一份一份的现炒现兑,即使一天供应几十份糖醋脆皮鱼和鱼香八块鸡,也不追求来得快当。"

在纽约荣乐园餐厅 3 年,回国稍事休息后曾国华又匆匆去广东佛山市讲课,随后在 1983 年赴京参加全国首届烹饪名师技术表演会上,又荣获优秀厨师的称号。

1986 年 4 月 29 日,成都市川剧院部分演员、剧作家联合设宴招待京昆艺术大师俞振飞及上海昆剧团著名演员,著名川剧表演艺术家筱艇亲自出马恭请曾国华大师为俞振飞大师做了几道拿手好菜。他以泡海椒鱼香味的"锅巴肉片"、"鸡皮清汤"、"奶汤素烩"把俞大师征服于杯盘碗盏中。1990 年 8 月,他同刘建成去天津开全国烹协理事会,乘去京 8 次特快,笔者恰巧赴京办事,与他们俩同车,一路上两位大师很是受餐车间厨师的欢迎,而两位大师则对厨师们问及烹饪事,有问必答。笔者至今记得当时曾国华在车上传业解惑的情景。如他回答说"酱烧冬笋"人人都会做,但要做得与众不同,吃起嫩气生鲜,诀窍就在冬笋选材上,专门要挑选"老鹰嘴"那种嫩尖子小包包,要精选脚货。当曾大师抵达北京,刚住进四川办事处,就立刻被闻讯而来的"川办"餐厅厨师们给围住,这些人是来请曾国华下厨示范的。曾大师见此情景不顾旅途劳顿,拴起围腰就上灶愉快地表演起来,于是我趁势抓拍了几个镜头。

　　曾老今年79岁了,但他时常想到的仍然是怎样在有生之年培养出更多的烹饪技术人才。笔者最近听说今年成都市的有关部门要为他和刘建成两位大师举行事厨60周年纪念,我这里祝他们艺术常青,青松不老。

登长城,我想起了名厨史正良……

　　登上了八达岭长城,在那蜿蜒山峦中,我眼前呈现出的是一道雄关,上留石刻"北门锁钥"四个大字,好大的气派!

　　1960年,史正良14岁的小小年纪便在他的家乡梓潼县潼江饭店拜名厨魏兴国学艺。这个魏厨师以山珍野味出席见长,他还善变冷碟为热菜入席。魏兴国操办筵席可谓别开生面,他以当地27道田间野菜布局,故很为食客称道,食客中甚至有远从当时潼川府(三台)等地来老绵州包席定菜的人。那年月,有此等"口福"者多为当地驻军"田冬瓜"的幕僚,如"长春酒社"任沧鹏那一批食客。

　　幼小的史正良跟了魏师傅,从学徒时期就见过一些大场面。他善于利用家乡大庙山以及剑门72峰中的山珍野味,去"调和鼎鼐"。1964年,史正良又从梓潼进入成都市饮食公司厨师研修班学习,深得孔道生、张松云、蒋伯春、曾国华、华兴昌等一代名师的指教,因此学到了各家各路的川菜烹制技艺。后来史正良又正式参师蒋伯春,使其独到的川菜烹制技艺日显成熟。蒋伯春在带了史正良一段时间后，是这样评价他的："史正良这人脑筋灵活，善于用心琢磨问题。"常言道："师傅引进门，修行在各人。"由于史正良对传统技艺善于灵活运用，这便成就了他后来创造性的烹饪艺术。

1985年，史正良专门赴沈阳御膳酒楼学宫廷菜，这也算得是学中国传统饮食文化的尖端技术。随后几年，他先后事厨于绵阳、成都、西安、乌鲁木齐等地。他在推出川菜传统菜肴的同时，又从各地多种多样做法中吸取长处。他一心想着的是搞出个名堂来，绵阳地方的菜就是要有绵阳地方的特点。他的"白汁鱼肚卷"，色素淡而味鲜美，冬笋只选取"老鹰嘴"，加工制作也很细致；"熘山鸡丝"，熘出了山野味道，喷香爽口，风味独特；"五彩蛇羹"、"鱼粒豆腐包"、"蟹黄狮头豆腐"、"竹筒粉蒸鱼"等均显出川菜"百菜百味"之妙。近年来又在继承传统川菜的基础上不断创新，推出了多种新菜，如"鱼香虾球"、"火爆春蚕肚"、"茄汁茶花鱼"等。再如名菜"一品海参"的制法本由来久矣，史正良却一改旧法，不是将主料改小，而是把发胀发透的整只梅花参用布包扎，配以鲜汤，调成家常味，用文火慢慢煨炕入味成菜，使之味浓香醇，气派大方。"火爆春蚕肚"则是以平常猪肚为原料，加工制成春蚕模样，这菜因专在刀功火候上求功夫，故显出特色和鲜味。我个人有这样一个看法，刀功尤为绵阳川菜的一大特色，而史正良的菜细致而考究，当然就达到了"脍不厌细"的程度。

1984年以来，史正良曾先后前往菲律宾马尼拉"希尔顿饭店"、瑞士日内瓦"诺马达饭店"、瑞典斯德哥尔摩"沙华饭店"等有名的饭店表演川菜技艺。他还曾两次赴美国，分别在西雅图国际贸易中心和米德兰"竹园饭店"表演川菜技艺。史正良与他的同事们在海外所做的川菜献艺，先后受到《日内瓦论坛报》、美国《当今新闻》以及其他一些海外报刊的专门报道和好评。近年来，国内的一些新闻机构如《中国食品报》、《中华经济文汇报》、《四川烹饪》杂志、四川电视台、四川人民广播电台也曾对他做过多次专访报道。

史正良事厨37个年头了，他不仅在厨技上达到了较高水平，更值得我们大书一笔的是，他还致力于文化水平的提高，做到了饮食与文化相结合。他放下瓢勺，勤于笔耕，收集整理了一百二十余款民间野菜、乡土菜肴，并且撰写了六十余篇有关烹饪技艺方面的论文，并拍摄了大量精美菜肴照片。他与人合作著有《创新川菜》（1、2集）、《中式烹调师》、《四川豆腐菜》、《川味鸡肴300例》、《川菜创新精选》等烹饪图书。

1980年以来，他前后担任过36个高中级培训班和四川首届厨师长培训班的教学培训工作，有来自全国20个省、市、自治区近四千名学员听过他讲课。他应邀担任过四川省一二届美食节、省第二届名小吃评比、省厂矿企业烹饪大赛的评委。由于他在历届评判中判分公允、作风正派，因此在1994年被授予了国家职业技能鉴定高级考评员。

1988年2月，他还参加了四川省首届烹饪技术比赛，荣获奖牌。1991年他还与同事一块儿参加美国烹饪锦标赛，获冷菜展台和现场操作两枚世界级铜牌奖。鉴于他在弘扬川菜和培育人才方面的成就,1992 年四川优秀人才馆的《四川英模》专集中,收录了他的先进事迹,绵阳市委、市政府授予他"有突出贡献的中青年拔尖人才"的光荣称号。

面对荣誉,史正良只有一句话:"一切归于党。"绵阳是川菜向北拓展的一道大门,如今"史派"菜肴不正是把住了这道大门吗?史正良及其弟子现已推出了带有川北地方特点的系列川式新肴,今日我站在八达岭上想起了史正良,便借来"北门锁钥"为之作比,虽感觉不很妥帖,但还是以此为题拉出了川菜名师史正良,算是借题发挥吧!

厨师们与茶馆

颐之时名厨张雨山"张胖子"50年代常坐总府街文化茶园,吃茶成了他一天生活中的固定项目,按照他那带南路口音的说法是"棒棒都打不脱"。吃茶是他们的工余休息,会朋友同行,见啥说啥,上下古今,千元百宋,内盘业务,技术交流,生活爱好等等。老一代厨师都喜欢坐茶馆,孔道生从北京回来就说过:"我在那里最搞不惯的,就是没得茶馆坐。"回来了,他一到红庙子茶铺坐将下来,如鱼得水。曾国华从美国纽约回来,在兴隆街住家时,天刚亮他准时无误地到悦来茶园(今锦江剧场内)成为座上之宾,呷上几口成都一级花茶,飘飘欲仙,你那有"世界之都"的繁华纽约,也不过聊复尔尔。张松云茶瘾之真,为同辈所不及,他不论大寒大暑、雷霆闪电、风雨交加,乃至茶馆里没得一个同行来到,而他仍然照来不误。他一点也不寂寞,有三件头的盖碗茶陪伴他,天垮下来也不怕。文化大革命"武斗"时要命的流弹乱飞,张老端着花茶"我自岿然不动",他幽默地说:"不给他们一般见识。"说时一颗子弹正从他头上飞过,他根本不予理会。蒋伯春在老南门外,柳荫街府河之滨,每天要与他的品茗老友相会。荣乐园在布后街新屋落成后,每天早上有一批茶客会聚于园内天井中,坐上几桌,河水香茶,由荣乐园主人长期陪饮,热闹异常。不过这里的茶客内盘很少,多文人墨士或失意政客,还有几位喂雀鸟的耍家,但都是荣乐园的忠实拥护者、宣传家。茶馆、餐馆、烹饪、文化交流,融会一体。北京广渠门外大街四川饭庄就特设有盖碗茶,第一流的川菜餐馆饭庄都有盖碗茶,这是敬顾客的。我们的知识不少是从社会中的茶馆来,高尔基说过:"社会就是大学。"那么茶馆算是课堂了。张雨山在文化茶园回忆他的过去:颐之时的历史,罗国荣的性格,对于川菜的改良。他在金牛坝为毛主席做菜,做了毛主席爱吃的泡菜。每顿饭的菜不多,中午吃一杯大曲。一个下午,毛主席约他去谈天,他坐在沙发上等待,毛来后同他坐在沙发上,问了他的过去,学艺经过,知道他爱吃酒,还送他长颈瓶的泸州老窖两瓶,雨山保存了这两个空瓶。他还谈了不少有关烹饪的知识、掌故。71 岁蓝光鉴老先生在 1956 年 12 月同 74 岁的谢海泉老师傅以及我在总府街原永兴大曲改成的茶馆中吃茶,是蓝老约谢老谈几样汤菜的做法及其技术、下料等问题,要我一一记录,可惜这些宝贵资料在文化大革命中,抄家抄去了。我们在吃茶时,逢重庆留真照相馆主人黄晴岩,他一时兴发,也许是对蓝光鉴老先生的尊敬,约我们三人到他的照相馆去,他亲自为我们拍了一张照片,二位长者坐着,我则恭立于其后。蓝、谢二老已去世,又过三十多个年头了,荣乐园的酒客黄晴岩也故去,于今,只幸存了这张可贵的、值得纪念的照片。茶馆、故人、人去物非,感慨良多!蓝光鉴那四百多样菜谱及周孝怀送他的那首长诗,还在人间吗?倘在,希望仁人君子公开出来!

从黄酒说开去

在没有味精之前,烹调上都用黄酒(料酒)调味,有了味精的今天,在有些菜的用料加味上,也离不得黄酒。家常菜中有全用黄酒烧的肉,烂京酱绍子全用黄酒则分外生香,特别是烹烧鱼类,是少不了黄酒的。

菜加热,脂肪酸和甘油的结构松散,如在这个时候(火候)加料酒,脂肪和酒精(乙醇)发生化学作用,生成具有芳香气味的酯类,随酒精挥发,于是香气四溢,加酒是为了增其香味。酒又是很好的有机溶剂,渗透作用大,对调味品的渗透有引导作用,使菜肴滋味融合,渗透入味。

烹调中所用料酒除黄酒外,也可用白酒(烧酒、白干),它的酒精度一般是57%,北方的白酒二锅头达65%,它是除腥味、异味的能手,对味的渗透,也比黄酒作用大,增香效果也强烈。白酒宜用于半成品加工,如煎鱼类码味、炸收类菜品的码味以及油炸之类,除了增香外,不会影响原料色泽。

作为饮料来说,黄白二酒,各随所好,河水不犯井水,但在评选"国酒"上,就有些意见值得研究了。第 12 届全国黄酒技术协作会议上,无锡轻工学院讲师徐呈祥建议:组织一次"国酒"评选,提出理由是:(一)黄酒是我国的民族特产,距今已有数千年的历史;(二)酒度低,营养价值高,用途广,是理想的营养食品;(三)酿造方法独特而合理;(四)大米、黍米、玉米等均可作酿酒原料,全国各地都可酿造;(五)黄酒当以浙江绍兴酒为上品,它出口量居我国各名酒之首,是走向世界最有希望的传统饮料。此外,黄酒入药及调料用处还多。这个建议引起与会者的强烈反应,赞成者占多数。

关于第一个问题,从前代(公元前 16—公元前 11 世纪)出土的甲骨文和商代废墟中发掘的实物来看,那时候酿酒技术已相当发达了。在甲骨文中可以看到许多酒的象形文字,还有表示不同品种酒的象形字。

周代(约公元前 11 世纪—公元前 256 年),酿酒经验更加丰富了:《礼记·月令篇》中对于酿酒的要点做了全面的总结,《周礼》中对酿酒过程的产物做了明确区分,将酿酒过程分为若干阶段,管理和控制就更加主动了。

汉代《淮南子》写道:"清醠之美,始于耒耜",是说美味可口之酒,创始于农业生产出现的好光景时。《尚书》也载有:"若作酒醴,尔惟曲糵","曲糵"即造酒的酒曲子。我们的祖先早在 3000 年前已经在一定程度上掌握了黄曲霉生长繁殖的规律。河北省平山县一座战国时期的墓葬中,出土大量古代酒器,发现距今两千二百多年前的酒,这种难得的世界珍品在北京故宫博物院举办"战国中山王墓出土文物展览",古酒几千年来一直"珍藏"在中山王的陵墓中。

北魏时期贾思勰的《齐民要术》中记载了把酒糟和曲一起加入原料中酿酒的方法,实际上是已采用了使微生物连续传代的方法。这种方法到宋代得到进一步的发展:北宋朱翼中在《北山酒经》一书中提出判定酒曲的好坏的主要标志是曲中用的霉曲长得多少:"心内黄白,或上面有花衣,乃是好曲。"宋代文献里有一种新酒曲——红曲(又叫丹曲),是用红曲霉微生物造酒,因而在宋代黄酒造酒方法增多了。"曲米酿得春风生,琼浆玉液泛芳樽",这之前李颀早已吟过:"美酒一杯声一曲",王维更唱出:"劝君更进一杯酒"。

黄酒中公认绍酒数第一,从历史上看,梁元帝《金楼子》载有:"银瓶贮山阴甜酒,时复进之。"南北朝的萧梁时,绍酒已盛行了。绍兴旧志载当地有"豆酒"、"地黄酒"、"鲫鱼酒"等名目。随园老人袁子才把绍兴酒比作"清官循吏",认为它"不参一毫造作,而其味方真",又比作"名士英耆","阅尽世故而其质愈厚"。因为它不是烈性酒(15度的低酒精度),把它比作名士气度,阅尽沧桑退了火气的老年人,最恰当不过。景阳冈武松打虎,不止"三碗不过冈",他畅饮18碗,评话里说他抱着大坛子喝,那就更夸张了。但有一点可以肯定,武松喝的是黄酒,绝对不是烈性白酒,否则,他早已醉倒在地下了。

在北京举行的黄酒学术会上,众口一词举绍兴黄酒为"国酒",那是经专家们研究讨论后,取得的压倒多数。理由是:酿造绍兴黄酒的鉴湖水质特别好！鉴湖是在平原积水洼地的基础上经过人工改造的湖泊，西汉（公元前206—公元25年）时期就已形成。从1981年开始，绍兴市环境保护科研所和浙江大学、浙江省环保科研所等8个单位联合进行了鉴湖自然环境的考察和研究。研究结果表明：鉴湖水系有一个十分良好的自然环境。鉴湖的源头水来自会稽山北麓，那里植被良好，重金属元素的分布比较分散，因此水源的矿化度比较低，水色透明清澈，具有合适的营养成分和矿物质。同时，鉴湖的蓄水量少，而其水源地区的雨水充沛，湖水更换期也很短，平均每隔7天半，就可以全部更新一次。更为独特的是：鉴湖沿岸分布着上下两个泥煤层，上层泥煤直接裸露在鉴湖水中，泥煤层的长度竟达鉴湖周长的78％；下层泥煤在鉴湖水底。这种泥煤含有多种含氧官能团，具有对金属离子吸附和交换的功能，对湖水中有害物质能够起到吸附、调节作用。这样，就使鉴湖水常年保持高度洁净的状态。

品味专家袁子才说："绍兴酒不过五年者不可饮，掺水者亦不能过五年。"好地方，酿出好酒，还要经过长时间储存，那是好上加好了。有一种"女儿酒"，传说在女儿生下满月时，酿几坛好黄酒储存，至女儿长大出嫁，就用这十几二十年的"女儿酒"作为陪嫁。1982年3月我去绍兴，读了一些有关记载和民间故事，也是大同小异。这种"女儿酒"，盛酒的坛子一般都有彩绘，名"花雕"。《红楼梦》第63回"寿怡红群芳开夜宴"写袭人、晴雯、麝月等丫鬟为宝玉做生日，袭人笑对宝玉说："我和平儿说了，已经抬了一坛好绍兴酒，藏在那里边了。我们八个人单替你做生日。"袭人多会做事,讨宝玉的欢心,这酒当然是"花雕"绍酒了。

黄酒以"古色古香"有益于身体而声名迭起。70年代初,在墨西哥召开的世界第九次营养食品会议,决定把啤酒列为营养食品,因为啤酒有多种和多量的氨基酸,发热量高,易为人体消化和吸收。黄酒专家们提出:啤酒和黄酒比较,那差距太大!被誉为"东方名酒"的日本清酒,它以高度营养价值远近驰名,如科学地把绍兴加饭黄酒和日本清酒比较、分析,发热量二者基本相等;看看它的营养价值:据日本宝酒造株式会社用氨基酸自动分析仪检测,绍兴加饭黄酒含有17种氨基酸,含量为每公升5600多毫克,其中7种人体必需而体内不能自行合成的氨基酸含量共为2000毫克。日本清酒,含有18种氨基酸,含量为每公升4200毫克,其中8种必需氨基酸的含量为1400毫克。黄酒中的营养,多为低分子的糖类和以肽、氨基酸的浸出物状态存在,极易为人体消化和吸收。它的酒精度在15度上下,对人体也没有什么影响,适当、少量饮些黄酒,活络血脉,对老年人御寒也有好处。黄酒最好是烫热喝,因为黄酒中含乙醇浓度虽然较低,但其中含有微量的甲醇、醛、醚类等有机化合物,对人体有一定害处。丙醛、醚等有机物的沸点较低,在20—35℃即汽化;甲醇的沸点也不过64℃,如把黄酒加热到60—70℃,这些成分就随温度升高而挥发掉。如烫到60—70℃再喝,对人体有好处,且酒中的酯类芳香物质的蒸腾,使酒更加芬芳。重庆允丰正酒厂造的,坛上打有年代号数,或为"甲戌"、"秋"字等,都是烫热吃,不像江浙两省一般是冷吃,到绍兴咸亨酒店,也是冷吃,不合我们的吃法。当时我们烫酒有一套工具,烫酒铜锅子,中插以七八个圆形烫壶,每壶约1公升,酒杯有小茶盅大,还兴了"前不干,后不饮"的"牛饮"吃法,成了酒囊,实在无聊,且有伤身体。有一次燕蒸业"转转会",轮到少城小餐,李竟成是大胖子,自诩"豪饮",居然拿小饭碗吞黄酒,也是"前不干,后不饮"。一个人没酒量,休想去碰那个"桌面"。我因酷爱黄酒,也善于烫黄酒,无其他本事,皆从经验中得来烫酒的温度恰到好处。蓝光鉴谓我善烫酒,"恰好到75度"。他是不吃酒的,他怎么能知应到"75度"呢?

绍兴"加饭花雕"在法国、西班牙的马德里国际比赛中都获得金质奖,1986年又两度蝉联,为国争光。绍兴酒行销世界,从香港转运台湾,被视为瑰宝,引起了不少怀乡病,也治愈了一些怀乡病,安慰了无数颗破碎的心。

1986年12月6日《文汇报》报道:国务院已将"天府可乐"定为国务院宴会饮料,停止使用外国的"可口可乐"。我们也希望有朝一日,宣布绍兴黄酒为国务院宴会专用酒,首先在营养上于身体有益;在国际声誉上,早有名声,得到好评,何况它具有悠久历史,绍兴一带生产黄酒,从《吕氏春秋》、《会稽县志》等文献记载,可追溯到2300年以前,就凭这一点,它也是世界造酒的前辈了。

除绍兴之外,各地均有造黄酒的。解放前允丰正的渝绍,不亚于绍兴黄酒;解放后的绍兴加饭酒味甜(为外国人喜爱),但嫌它失去绍兴黄酒一种略带酸味的妙处。最近我们四川郫县郫筒酒厂出了一种"甜黄酒",不亚于加饭酒,仍然甜了一些,倘要追过去渝绍,去其甜还原其本味(如果可能做到),则今日的南泉绍酒就要让位了。过去渝绍独霸西南半边天下,要收拾旧河山,还得努力! 黄酒加甜味与还原原来本味,应当是两条腿走路,"百花齐放"嘛。有传统市场的渝绍为什么一落千丈,让绍兴黄酒代替? 难道不令人深思吗? 允丰正那样美好的黄酒,多年来一直未恢复,从经济效益上说,也令人遗憾!

目前大有改进,一种小罐花雕尤为嗜好黄酒的饮者欢迎,如得甘霖,如饮圣泉。浙江省塔牌绍兴酒厂出品陈年塔牌花雕酒格外耐人寻味。包装上也很讲究,标上"国际名酒,中国名酒"称号,确也当之无愧。

附　录

立此存照

巴　波

　　读了《名品"Y"了向谁说》(见《四川烹饪》1995年第1期),觉得作者车辐老兄把言语都"拿顺了",在下用不着"展言子"了,又觉得"跑江湖"一生,秉性难移,这并不违背周总理的"活到老,学到老,改造到老"的遗训,而且正相反,是在实践这一遗训,算是为川味"大声疾呼"者敲敲边鼓。

　　首先,川菜的假冒伪劣早就遍天下,笔者在拙文《川味及其他》(载《四川烹饪》1993年第2期、第3期)已经提到过。如今,市场经济活跃,款爷们吃穿用都讲"名牌",在美食中川菜当然是"名牌"。于是川菜馆就有如雨后春笋,以笔者所在地而论,高中低档均有,什么"豆花饭庄",什么"四川火锅城",其中最为地道的是敝小小山城重庆某大厂的分流人员开的餐馆,作料均由四川运来,应该算是正宗川味了吧! 笔者有一位上海朋友,抗战时读书在成都,解放战争时工作在哈尔滨,离休后搬回上海,笔者理当为之钱行,他就指定这个餐馆。我以病残之身,由两人架住我上了楼。我既是主人,又是四川人,当然没来客套,由我点菜。

当然要点出个四川特色来,按照菜牌,凉菜点了个夫妻肺片,热菜点了个水煮牛肉……饭馆经理一看来的是四川老乡,便赶忙走过来申明:水煮牛肉的牛肉没有那个无横丝顺丝部位的,改用猪的里脊代替行不行。笔者只好说行。至于端上来的夫妻肺片,根本嚼不烂。那份水煮牛肉的代用品猪肉里脊,除了麻辣烫就少个嫩字,我倒觉得没丢了四川人的面子,是丢了我这个自囚屋中几年脱离现实的老而且朽的面子。

哈尔滨川菜馆也有为川菜争气的一道菜:酸菜鱼。微辣、香酸、细嫩,妙不可言。哈尔滨人吃鱼爱吃的是鲤鱼,通常只是浇汁、红烧之类,现在一下吃到用鲤鱼做的酸菜鱼,当然引起了轰动。其最主要因素在于,哈尔滨从四川引进了袋装新繁泡菜中的酸菜(用青菜泡的酸菜),媒体还宣传了酸菜鱼制作过程,因此,不上馆子,我这个病残者也在家里享受了一顿。的确,是精品。

笔者最不愿意听别人说川菜就是麻辣烫,最近哈尔滨在众多四川火锅店中又开了一家火锅城,档次很高,有人要去"撮"一顿,求我推荐川菜中不辣的菜,本来不带辣麻的高、中、低档的川菜很多,笔者推荐了两个,一是属于中档的"鸡淖",一是属于高档的"竹荪肝膏",还补了一句,如果没有竹荪,用口蘑也行。至于火锅,首要的是火锅作料要有郫县豆瓣酱和牛油,毛肚不好掌握火候,最好是脑花、脊髓、鳝鱼之类。没有料到,除了只有鳝鱼(还带骨头茬)以外,其他完全是笔者主观主义在起作用,一切均无,等于是笔者由内行变成了外行。当然还够不上"自毁川味"

这个程度。

胡绩伟先生给车辐老兄信中说:"一次我买回四川冬菜……打开一看……只见到一包烂菜叶子。"我知道胡绩伟先生住在北京,我也曾在北京住了 12 年,北京西单菜市场每年都可以买到四川冬菜,"文革"前有机会到北京,也要跑到西单菜市场买冬菜,单以包子而论,不管是山东的大肉包子,河南的灌汤包子,天津狗不理包子,不客气地说,都不如冬菜末加肉末为馅蒸的这种四川包子。这冬菜是任何蔬菜都代替不了的。何况纯牌的四川担担面,要没有冬菜末,就只能算是有缺憾的担担面了。冬菜产地之最盛者是南充。前几年,家人从外面回来说发现了有一种塑料袋包装的南充冬菜,得此信息大喜过望,不管贵贱,先买 20 袋再说。20 袋就是 20 斤,家人扛回来后,我一看就傻眼了,倒不是烂菜叶子,却不是用嫩青菜而是用的青菜帮子。这比胡绩伟先生运气好一点,还算有冬菜味道,就是切成末也咬不烂。这种异变,不是川味特点的发展,而是一种文化和职业道德的后退,我同意胡绩伟先生非常忧心的论断,即这是"自毁长城"。说直白点:是四川人在打倒四川味。

至于郫县豆瓣,对于川味来说,其作用比冬菜大多也!这个郫县豆瓣,哈尔滨没有断过档,就是说从敝大四川源源运来,竹篓装的,塑料袋装的,笔者岂能不买?想当年年轻时在成都,我最爱吃的就是锅魁夹郫县豆瓣,比那种夹洋火腿的三明治还美。而今的郫县豆瓣远不是那种鲜味,笔者以为是自己的味觉出了毛病,读车辐老兄大作,才知道是伪劣假冒在起作用。这当然要和曹操吃鸡肋时的吃之无味、弃之可惜来比,不管怎么说,这些伪劣假冒的豆瓣还有辣椒味。不过,用这种伪劣假冒的郫县豆瓣能烹出纯牌的陈麻婆豆腐、犀浦鲢鱼……否? 当然不能。这就是四川人"自毁长城"。

如果(也只好如果)把川味的名牌,如郫县豆瓣、叙府芽菜、南充冬菜、白市驿板鸭、合川桃片……都申请专利,以求得到法律的保护,从而杜绝伪劣假冒,岂不美哉! 不过,再仔细一想,在下未免书呆子气。要申请专利,请问这名牌是谁发明的? 当然,很多都可以考证出来,但都属于"老祖宗",那么,谁又有继承权? 这就没有谱了,准得乱套。

如果(还是如果)为"公仆"一任、为"人民服务"一方的"长"字号人物出面来个"行政干预",把这些名牌统率起来,形成规模经营,加上现代化、科学化管理,从而保证了质量,岂不妙哉! 不过,再仔细一想,这么搞,麻烦会乱成一堆,起码得设个机构,上级同意不同意且不说,人事安排要上下左右搁平就很难。要这样统筹就得投入,天上不会掉下人民币,可以让大家"入股"(不是摊派),还有,要规模经营,原料不能断档,又该怎么办? 等等,等等,那么,"为人民服务"的"公仆"就没有时间开会了。

不能再如果了,得言归正传。最近诗人梁南(四川人)坐飞机从成都回哈尔滨,起飞头一天买了一大塑料袋的豌豆尖,这倒不是笔者为四川成都吹牛,成都的豌豆尖其肥嫩天下要数第一,然而诗人带回来的成都豌豆尖,没一个有那肥嫩的苞尖,全是一段一段带叶子的豌豆苗的茎。笔者还没有最后失望,把掐得断的留下来吃之,却没有一点儿豌豆苗的清香味。我年轻时在成都吃面条,面端上来后,只要叫一声再冒豌豆尖来,这一碗豌豆尖来了也是分文不要的。可现在道地的四川人诗人梁南却被成都菜贩"麻了广广",这当属于假冒伪劣的劣,真是无处不在。笔者为四川人不要"自毁长城"的呼吁,只能是作为四川人意思意思而已!何况涉及到的不正之风均属于吃,小菜一碟!立此存照总可以吧!

"饮食菩萨"

吴茂华

林语堂先生认为中国人好感官享乐,注重生活的艺术,特别体现于饮食方面说道:如果说还有什么事情要我们认真对待,那么这样的事既不是宗教,也不是学识,而是"吃"。又说"中国人领受食物像领受性、女人和生活一样"。的确,民以食为天,尤其是我们中国人头上的天。不过此话印证在四川美食家,谈吃杂文家车辐身上,尤为贴切。车辐先生今年八十又九,半个多世纪以来他吃遍四川,吃遍全国,当然他最爱的还是这家乡川味。至今牙口尚好,几盘佳肴下肚,而后笔下侃侃而谈,赏美食到这等境界,可谓知味真人了。这本《川菜杂谈》,便是他老人家几十年吃出来的成果。

美食美酒谁人都爱,可仅会吃只能算个饕餮之徒。而车老先生在书中侃"吃"经就不同了,说一味"白油苦笋",从原料、烹调到咂嘴品尝,再扯到怀素的《苦笋帖》、黄庭坚的《苦笋赋》。说黄酒亦是从配制、选料、烹调、口味一直溯源到《淮南子》、《尚书》上记载的曲蘖(酒曲子)。又如"开水白菜"、"素烧青菜头",

此两样川人习见之菜,他写道:世人认为川菜、风味皆如"凤辣子"火辣妖娆,其实川菜中著名的"开水白菜"、"素烧青菜头"以及全汤席皆清淡可人,比林妹妹还乖,其色彩更带出一派"蜀江水碧蜀山青"来。你看这爱酒肉的车老先生是大俗还是大雅?

车辐先生喜交文艺友人,且基本不带官方色彩的,好笑的是他和这些文化人交往的契机都是以"吃"为先。车辐先生40年代就是成都名记者,时称"车大侠"。当时从全国有名的张大千、刘开渠、吴祖光、丁聪,一直到四川的谢无量、李劼人,甚至唱扬琴的李德才,唱戏的周企何都是他的"酒肉朋友"。抗战期间,一大批文化艺术家流亡到蜀,车辐时任"中华抗敌协会成都分会"理事。工作之余,常陪刘开渠上竞成园吃芙蓉鸡片、糖醋鱼,同丁聪、吴祖光在五世同堂街吃凉拌兔肉下酒,领谢添、白杨等大街小巷中乱窜,去吃成都的"鬼饮食"(夜深后的街头小吃)钵钵鸡、梆梆糕,惹得那帮只知饺子、面条的北方人对四川这色浓味香丰富多样的大菜、小吃饕餮不已,惊喜不已。乃至几十年后,仍颊口留香。前不久,黄苗子、郁风夫妇,丁聪、沈峻夫妇到蓉旅游,下车伊始,就来找车辐寻吃的,便是道理。

这些年我和先生流沙河常在车辐家走动,谈天说地、道古论今间他的话题杂多,但百川归于海,万变不离其宗,最后都说到饮食和吃的上面去。有时建议我们去尝"软炸斑指",有时又说新开张的"足拜子肺片"味道好,他老人家如今虽整日坐在家中行动不便,但如往常一样,心明天下事,肚知百家味,胃口牙齿宝刀不老,鹤发童颜风韵犹存。摆出一副饮食菩萨的气度,你说这吉人天相怎不叫人羡煞也！

　　承他老人家看得起,有一次他点名要吃两样家常菜。我精心制作了一碗味道鲜辣的小笼蒸牛肉,一盘清淡的苦瓜鸡蛋献上。饮食菩萨吃完后赏了我一句"好吃不过家常味"。听后我如聆法音,简直是受宠若惊了。